兽医临床诊疗宝典

犬病诊疗
原色图谱
第二版

周庆国　夏兆飞　主编

U0239310

中国农业出版社

◆ 内容提要 ◆

　　本书以图文并茂形式介绍了当前小动物临床常见而重要的88种犬病，内容涉及传染病、体内寄生虫病、内科病、外科病、产科病和皮肤病，分别从病因、典型症状、诊断要点、防治措施和诊疗注意事项几个方面进行阐述，内容全面，文字简明，图片真实，技术实用，准确地反映了当前国内犬病诊疗的特色与水平。本书选用的300余张原色照片经过严格筛选，具有画面整洁、图像清晰、操作规范、技术先进等几大特点，对从事犬病诊疗工作的宠物医生和基层兽医具有很强的启发和指导作用，同时也适合作为在校大、中专兽医专业学生学习"犬猫疾病学"或"小动物疾病学"课程的有益参考书，有助于他们更好地理解和掌握犬病诊疗技术。

周庆国，男，南京农业大学兽医博士，广东佛山科学技术学院动物医学系教授。长期从事兽医外科学、犬猫疾病学和实验动物学的教学、科研与临床工作，主持和参加国家级研究项目3项，先后参加面向21世纪课程教材和普通高等学校"十一五"国家级规划教材《犬猫疾病学》《兽医外科手术学》和《兽医外科学与手术学》的编写，主编《犬病对症诊断与防治》《犬病快速诊断与防治》《犬猫疾病诊治彩色图谱》和《犬病诊疗原色图谱》等，在国内兽医专业杂志发表研究论文和临床资料数十篇。现任中国畜牧兽医学会兽医外科学分会和小动物医学分会副秘书长、广东省畜牧兽医学会小动物医学专业委员会副主任委员。

夏兆飞，男，中国农业大学兽医博士，动物医学院教授，临床兽医系系主任，教学动物医院院长。长期从事兽医临床教学、科研与门诊工作，主持和参加国家级研究课题6项，主编和主译《小动物内科学》《犬猫营养需要》《犬猫血液学手册》《兽医临床实验室检验手册》《动物医院工作流程手册》等20余部兽医著作或教材，在国外和国内兽医核心刊物发表研究论文数十篇，多次到美国、加拿大、法国等地学习进修兽医临床诊疗技术和动物医院管理，在小动物临床诊断技术、小动物临床治疗技术、小动物临床营养学和动物医院经营管理方面具有丰富的经验。

丛书编委会

主　　任　陈怀涛

委　　员　（以姓氏笔画为序）

王新华　王增年　朱战波

任克良　闫新华　李晓明

肖　丹　汪开毓　程世鹏

周庆国　胡薛英　贾　宁

夏兆飞　崔恒敏　银　梅

潘　博　潘耀谦

本书第二版修订人员

主　　编　周庆国　夏兆飞
编　　者　周庆国：佛山科技学院动物医学系
　　　　　夏兆飞：中国农业大学动物医学院
　　　　　刘　朗：北京伴侣动物医院
　　　　　张　丽：佛山先诺宠物医院
　　　　　黄湛然：佛山先诺宠物医院
　　　　　孙艳争：中国农业大学动物医学院
审　　稿　何敬荣

本书第一版编写人员与分工

主　编　周庆国　夏兆飞

编　者　（按编写内容顺序排列）

彭永鹤（深圳瑞鹏宠物医院）：传染性疾病

张浩吉（佛山科技学院动物医院）：体内寄生
虫病

谢建蒙（深圳康德宠物医院）：消化系统疾病

张　丽（佛山先诺宠物医院）：呼吸系统疾病

赖晓云（无锡派特宠物医院）：泌尿、生殖系
统疾病

曹　燕（中国农业大学动物医院）：心脏疾病

夏兆飞、潘丹丹（同上）：营养代谢性疾病

刘　芳、王姜维（同上）：中毒性疾病

丛恒飞（同上）：神经系统疾病

周方军（佛山先诺宠物医院）：运动系统疾病

周庆国（佛山科技学院动物医院）：眼病、疝

郭宝发（青岛宝发宠物医院：耳病

杨其清（上海爱侣宠物医院）：皮肤病

序　言
XUYAN

《兽医临床诊疗宝典》自2008年出版至今将近六年。经广大基层兽医工作者和动物饲养管理人员的临床实践，普遍认为这套丛书是比较适用的，解决了他们在动物疾病诊断与防治方面的许多问题，的确是一套很好的科普读物。

但是，随着我国养殖业的快速发展和畜牧兽医科技工作者对获取专业知识的欲望越来越高，这套"宝典"已不能完全适应经济社会进步的需求。在这种形势下，中国农业出版社决定立即对其进行修订，是非常适合适宜的。

鉴于丛书的总体架构和设计都比较科学适用，故第二版主要做了文字修改，以便更为准确、精炼、通俗、易懂。同时增加了一些较重要的疾病和图片，使各种动物的疾病和图片数量都有所增多，图片质量也有所提高，因此，本丛书的内容更为丰富多彩。

本丛书第二版也和原版一样，仍然凸显了图文并茂、简明扼要、突出重点、易于掌握等特点和优点。

在本丛书第二版付梓之际，对全体编审人员的严谨工作和付出的艰辛劳动，对提供图片和大力支持的所有同仁谨致谢意！

相信《兽医临床诊疗宝典》第二版定能为我国动物养殖业的发展发挥更加重要的作用。恳切希望广大读者对本丛书提出宝贵意见。

陈怀涛

2022年11月

第二版前言

DIERBAN QIANYAN

　　《兽医临床诊疗宝典　犬病诊疗原色图谱》第一版已经出版多年，在宠物诊疗领域发挥了积极有益的作用，成为众多宠物医生和兽医专业学生的重要参考书。近年来国内宠物诊疗行业处于很好的发展势头，各地不断涌现装修一新且设备先进的宠物医院，各种宠物专用药品和产品在宠物临床得到应用，各种先进的诊断治疗技术正在快速普及和推广，与此同时也有相当多的宠物疾病无法准确诊断并治愈。这些现象或问题不仅使执业多年的宠物医生们感觉到不断学习和接受培训的必要性，作为高校教师我们同样倍感提高自身诊疗技术和引导学生全面掌握宠物诊疗知识的迫切性。

　　《兽医临床诊疗宝典　犬病诊疗原色图谱》作为宠物医生和兽医专业在校大、中专学生学习宠物疾病的参考书，我们深感必须适应当前宠物临床的实际情况重新编写或修订，期望能够起到启发诊疗思路和指导临床实践的作用。根据本图谱的内容架构和读者定位，我们仍然将本书定位于普及与提高相结合，既考虑在校大、中专学生的学习用途，也能使具有一定临床经验的宠物医生阅读本书后获得启发。这次修订维持第一版中88个常见而重要的犬病，重点对疾病的"诊断要点"和"防治措施"进行修改，调整了部分疾病的图片顺序，更换和补充一批更有价值的图片，并对图片所示症状或影像尽量解释详细，以便读者更容易理解本书介绍的诊疗技术，且具有可操作性。

　　尽管如此，我们清楚本书仍然不能完全解答犬病诊疗中的很多问题，毕竟动物的生命和疾病现象非常奇特而复杂；还有很多需要施行手术治疗的疾病，虽然编者希望增加图片并对图片进行说明，但若缺乏扎实的解剖基础和外科手术功底则仍难以掌握。因此，宠物诊疗并不是一项简单的工作，需要借助扎实的医学基础理论、先进的检查检验设备和丰富的临床诊疗经验积累，才能完成一次满意的诊治过程。虽然我们具有良好的编写愿望，但因教学科研工作繁忙，且修订时间仓促，书中内容肯定存有不足，遗漏或不当之处恳请广大读者指正。

周庆国　夏兆飞
2022年10月

第一版前言

DIYIBAN QIANYAN

随着国内宠物诊疗水平的快速提升，越来越多的疾病现象被我们发现；随着犬猫临床资料的不断积累，小动物医生对疾病的认识在逐步深化。中国农业出版社为适应当前小动物医生之需求，创意出版《兽医临床诊疗宝典　犬病诊疗原色图谱》，立意于总结国内外最新的小动物疾病研究成果，收集整理国内宠物临床的图片资料，真实地反映当前国内宠物临床诊疗的先进水平与特色，内容简明且应具有实用价值。为了充分吸取国内宠物诊疗行业的先进经验，努力完成这项十分重要而有意义的工作，我们特意邀请了在小动物医学领域颇具影响力的多所宠物医院的知名专家参加编写。编写工作力求充分发挥各自的临床特长与经验，充分展现各自宠物医院积累的丰富图片资料，从而期望能为广大的小动物医生提供有益的借鉴和指导。书中的大多数图片是各位编者诊疗实践的记录，少数图片为同行提供或来自于同行的临床资料（均已注明出处），对此表示真诚的谢意！从本书的图片资料可以看到，现代诊断技术已在当前犬病诊断中发挥着不可替代的重要作用，准确的诊断有助于对宠物进行正确的治疗和获得满意的疗效。这些图片反映了技术先进和管理规范的宠物医院重视临床资料的积累和总结，相信能够极大地提升广大宠物医生的诊疗水平。

限于此套丛书格式和字数的要求，本书以"内容全面而简明，技术先进而实用"为编写原则，书中"病因"和"典型症状"的描述力求简明而有重点；"诊断要点"介绍的思路和方法力求先进且易于采用；"防治措施"推荐的疗法或手术力求有效而规范；"诊疗注意事项"则提示临床不可忽略的要点。在各位编者完成各自书稿后，主编又对全书进行了必要的文字和图片补充，以求进一步凸显本书内容的时代感和指导作用。虽然大家具有良好的编写愿望，但因各位编者的工作资历或诊疗条件不同，编写内容肯定存有不足，遗漏或不当之处在所难免，恳请同行与广大读者提出宝贵意见。

周庆国　夏兆飞
2008年1月

目 录
MULU

犬　瘟　热

犬瘟热是由犬瘟热病毒（CDV）引起的，感染肉食兽中的犬科、鼬科及一部分浣熊科动物的高度接触传染性致死性传染病，无年龄、性别和品种显著差异。

【病因】患犬是本病最重要的传染源。病毒大量存在其鼻液、唾液中，也见于粪便、泪液、血液、心包液、脑脊髓液、淋巴结及肝脾中，其主要传播途径为患犬与健康犬接触，此外也可经空气、胎盘间接传播。

【典型症状】犬瘟热为泛器官感染，临床症状极为复杂。按疾病发展过程常见精神倦怠、厌食、发热、流泪或有脓性眼屎、浆液性或脓性鼻液、咳嗽、呕吐、腹下脓性皮疹、呼吸困难、不同形式的神经症状、鼻端和脚垫表皮角质化等。幼犬常发生出血性腹泻和肠套叠，成犬多无腹泻症状。随着病程发展，患犬逐渐脱水、衰竭而死亡（图1至图7）。

图1　犬瘟热早期典型的眼鼻部表现
双眼流泪及上下眼睑湿润，有浆液性鼻液。（周庆国）

图2 犬瘟热的消化道症状

　　幼龄患犬大多表现出血性腹泻。(周庆国)

图3 犬瘟热中期常见的症状

　　眼睑黏附脓性眼屎，鼻端与脚垫角化过度。(周庆国)

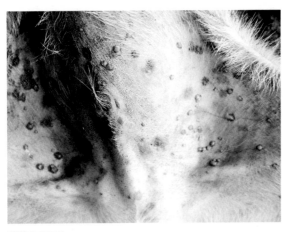

图4 犬瘟热早期常见的皮肤异常

　　患犬腹下常有大量脓疱形成。(王新华)

图5 犬瘟热典型的神经症状

咬肌阵发性抽搐，口吐白沫。（彭永鹤）

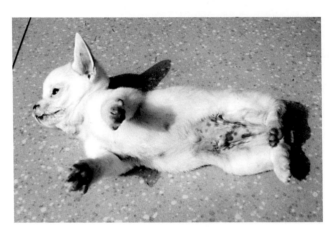

图6 犬瘟热常见的神经症状

幼龄患犬常呈癫痫性发作、四肢抽搐。（周庆国）

图7 濒死期的犬瘟热患犬

机体脱水、衰竭，全身被毛粗乱，鼻端与脚垫角化过度。（周庆国）

【诊断要点】目前普遍采用CDV快速检测试纸卡，取患犬眼、鼻分泌物、唾液或尿液等为检测样品，可在5～10分钟作出诊断（图8）。有的病例可能同时感染腺病毒或副流感病毒，最好采用犬瘟热病毒-腺病毒/副流感病毒二联检测试纸卡进行检测，以便能明确感染的病原种类。对死亡幼犬剖检可见，主要表现支气管肺炎、出血性肠炎和非化脓性脑炎病理变化（图9）。取患犬消化道、呼吸道及泌尿道等组织进行组织学观察，容易发现细胞内的圆形或椭圆形嗜酸性胞浆内包含体（图10）。血液常规和血清生化检验对于本病的诊断意义不大，但对预后或判断治疗效果却有很大的帮助。

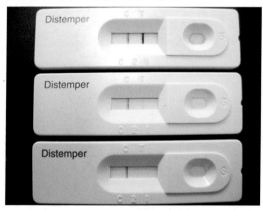

图8　CDV快速检测结果

上为强阳性，中为弱阳性，下为阴性。（周庆国）

图9　犬瘟热患犬剖检所见

主要有支气管肺炎、出血性肠炎和非化脓性脑炎病理改变。（周庆国）

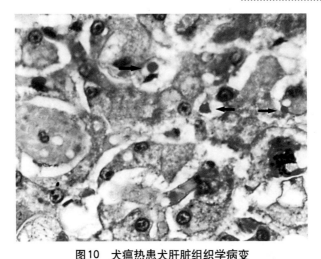

图10　犬瘟热患犬肝脏组织学病变

肝细胞肿大，在变性的肝细胞中可见胞浆内呈红色圆球状的包含体。(HE×400，陈怀涛)

【防治措施】病初尽快注射抗犬瘟热病毒单克隆抗体或高免血清，剂量通常为每千克体重1～2毫升，并且每治疗3天最好做一次血常规检查以监测血像变化，根据病情及时调整用药，有利于提高治愈率。为抑制病毒增殖和控制细菌并发或继发感染，常应用利巴韦林、双黄连、清开灵、头孢菌素等。有便血症状的，可应用安络血或止血敏。呕吐不多或已经控制的，可投服抗病毒口服液。对未出现神经症状的病例，可配合注射一种神经生长因子（商品名：康肽），据资料介绍，对多种原因引起的外周及中枢神经系统损伤具有促进修复和再生作用，同时具有一定的增强免疫、提高机体造血和抗衰老等功能。

实践证明，治疗中注重输液补充营养，维持水、电解质及酸碱平衡，配合应用重组犬α干扰素、黄芪多糖等免疫增强剂，并且注重中西药物的联合应用，能有效地提高病犬机体的抗病力，大大提高对该病的治愈率。

目前可选用的疫苗主要有国产五联和进口犬二联、四联（五防）、六联、七联（八防）疫苗等，以预防犬瘟热，细小病毒，传染性肝炎，副流感，腺病毒2型和冠状病毒感染，以及犬型钩端螺旋体和出血黄疽型钩端螺旋体感染。国产五联疫苗的免疫程序为：幼犬于7～9周龄时首次注射，然后以2～3周的间隔再连续注射2次，以后每半年或1年加强免疫注射一次。进口疫苗主要为美国默沙东公司（原英特威公司疫苗）、美国辉瑞公司和法国梅里亚公司生产，其免疫程序基本相同：2月龄以下的小犬首免3次，一般在6周龄开始首次注射，然后以3～4周的间隔连续注射3次，以后每年加强免疫注射一次。

犬细小病毒性肠炎

犬细小病毒性肠炎是由犬细小病毒2型（CPV-2）引起的致死率很高的传染病，目前病毒已发生变异为新的抗原型CPV-2a、CPV-2b和CPV-2c。该病毒主要感染犬科和鼬科动物，其中以3～6月龄的纯种犬易感性最高。

【病因】患犬是主要的传染源，无症状的带毒犬也是重要的传染源。健康犬与患犬直接接触或摄入被病毒污染的食物、饮水后经消化道感染。

【典型症状】病初大多数患犬体温升高（有的患犬体温正常或轻度降低），精神沉郁，食欲废绝，频繁呕吐，饮欲增强，大量饮水后立即呕吐，并很快发生腹泻或出血性腹泻（图11、图12）、贫血及严重脱水。患犬眼球凹陷，皮肤弹性减退，软弱无力，多在1周内死亡。

图11　CPV感染犬常见症状

患犬常呈喷射状排出大量番茄汁样血便。（周庆国）

图12　对患犬腹部触诊

触诊患犬腹部，有疼痛躲避反应。（彭永鹤）

【诊断要点】依据病犬频繁呕吐，随即出现严重出血性腹泻、脱水等表现，结合典型的流行病学特点应怀疑本病。血液常规检查有重要的诊断意义，病初血液白细胞总数和中性粒细胞数目显著减少，淋巴细胞百分比相对升高；随着血便出现和疾病发展，血液红细胞、血红蛋白减少，红细胞压积趋于降低，贫血现象明显。CPV快速诊断检测试纸卡是诊断本病的良好方法，取患犬粪便少量稀释后检测，可在5～10分钟得出结果（图13）。有的病例可能同时感染冠状病毒，因

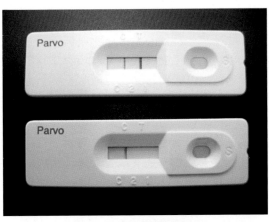

图13　CPV快速检测结果

上为强阳性，下为阴性。（周庆国）

此最好采用犬细小病毒–冠状病毒二联检测试纸卡，有助于对病原快速作出诊断。对死亡患犬剖检，主要表现小肠中后段出血性炎症（图14），其组织学变化为后段空肠、回肠黏膜上皮变性、坏死、脱落，在有些变性或完整的上皮细胞内含有核内包含体。

图14 CPV感染犬剖检所见

多见小肠中后段的严重出血性炎症。（周庆国）

【防治措施】病初尽快注射抗犬细小病毒单克隆抗体或高免血清，同时针对频繁呕吐、出血性腹泻与快速脱水的症状，在进行血气和电解质检测分析后，果断采取强心补液、抗菌消炎、止吐、止泻和止血等对症疗法。通常应用5%葡萄糖氯化钠溶液，或5%～10%葡萄糖溶液和复方氯化钠溶液，加入适当剂量的利巴韦林、庆大霉素或丁胺卡那霉素、硫酸阿托品或盐酸654-2等，静脉滴注。对于呕吐的控制，建议肌内注射爱茂尔、阿托品或氯丙嗪止吐，一天内多次用药能明显减少呕吐次数。止吐药不宜使用胃复安，其促进胃肠正向蠕动的药理效应容易造成肠道大量出血。对于肠道出血的控制，最好联合应用止血敏、维生素K和氨甲苯酸，使其在凝血机制的不同环节上发挥止血作用。对于出血不止的病犬，建议直接应用含有少量去甲肾上腺素的生理盐水灌肠，或选择注射用二乙酰氨乙酸乙二胺、注射用血凝酶（巴曲亭）或白眉蛇毒血凝酶（邦亭）等高效止血药，有利于减少出血量和达到止血效果。对于脱水的预防或纠正，主要在于合理输液，每次输液前须依据病犬脱水状态计算输液量，并针对精神状态、口渴程度、血液电解质及血气测定结果合理地调整输液成分。同时须对病犬严格禁水，避免诱发频繁呕吐而使脱水难以得到有效纠正。

【诊疗注意事项】①临床表现出血性腹泻的患犬并非都是犬细小病毒感染，应根据流行病学特点、症状和采用CPV快速诊断试剂板等进行鉴别诊断。②有效地止吐、止泻和止血，纠正脱水和贫血（采用输血疗法），能明显提高治愈率。③特别注意大剂量长期使用利巴韦林可引起贫血、白细胞减少、血清转氨酶和胆红素升高。④在患犬康复期避免饲喂肉类食物，如能饲喂法国皇家宠物肠道处方食品GI30或低脂易消化处方食品2~3周，有利于肠黏膜再生和促进消化机能恢复。

犬传染性肝炎

犬传染性肝炎是由犬腺病毒1型（CAV-1）引起的一种急性高度接触传染性败血性疾病，以1岁以内的、尤其断奶不久的幼犬发病率和死亡率最高。

【病因】患犬和康复犬是本病主要传染源。康复犬尿中排毒可达180～270天，可引起其他犬感染。感染途径主要是经消化道，但临床也见胎内感染造成新生仔犬死亡。

【典型症状】本病一般可分为最急性型、急性型和慢性型。主要表现为呕吐、腹痛与出血性腹泻、体温升高、精神沉郁、食欲废绝、饮欲增加、扁桃体与淋巴结肿大。齿龈上的出血点或出血斑是本病的重要症状（图15）。部分患犬因发生眼色素层炎而表现角膜水肿，即"肝炎性蓝眼"，同时还有眼睑痉挛、羞明

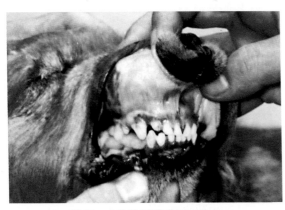

图15　犬传染性肝炎重要症状
患犬齿龈有出血点或出血斑。（周庆国）

和浆液性分泌物等表现（图16）。

图16　犬传染性肝炎重要症状

患犬的"肝炎性蓝眼"表现。（周庆国）

【诊断要点】血液常规检查和血清生化检验有重要的诊断意义，病初血液白细胞总数、中性粒细胞数和淋巴细胞数呈一致性减少，但淋巴细胞百分比相对升高；红细胞数和血红蛋白减少，细胞压积降低，血凝时间延长；血清丙氨酸氨基转移酶（ALT）、天门冬氨酸氨基转移酶（AST）、碱性磷酸酶（ALP）活性升高。尿液检查也有诊断意义，病犬可能出现胆红素尿和蛋白尿。使用国产或进口犬腺病毒检测试纸卡或犬瘟热-腺病毒二联检测试纸卡是诊断本病的快速方法，取少许病犬眼、鼻分泌物置于附带的稀释液中作用后，取上清液滴于样品孔内，可在数分钟内作出诊断。对死亡患犬剖检，通常可见肝脏略肿大，胆囊壁水肿，小肠出血，胸腹腔内积有多量清亮、浅红色液体（图17）。肝脏组织学变化为肝实质呈不同程度的变性，在肝细胞及窦状隙内皮细胞内含有核内包含体（图18）。

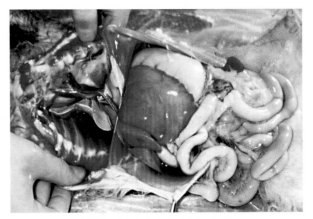

图17　CAV-1感染犬剖检所见

胸、腹腔充有大量清亮红色液体，心、肺无明显变化，肝脏轻度肿大，小肠出血严重。（周庆国）

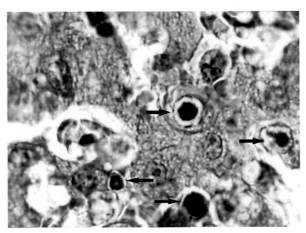

图18　CAV-1感染犬肝脏组织学变化

显示肝细胞坏死区，在变性的肝细胞内有圆形核内包含体。（HE×400，陈怀涛）

【防治措施】早期大剂量使用抗犬腺病毒1型或2型的高免血清，在输注葡萄糖、补充白蛋白、维持水与电解质平衡的基础上，静脉或肌内注射利巴韦林和干扰素，适量使用拜有利或氨基糖苷类抗生素，加强止吐、止泻与止血措施，其中制止出血非常重要。由于肝脏合成凝血因子发生障碍，如能输入健康犬全血或血浆以补充凝血因子与血小板，可明显提高止血效果。同时使用注射用二乙酰氨乙酸乙二胺或注射用血凝酶（巴曲亭）或白眉蛇毒血凝酶（邦亭）等高效止血药，也有助于提高止血效果。注重保肝和降低转氨酶，可肌内注射肝炎灵、肌苷，同时适当补充维生素 B_1、维生素 B_2、维生素 B_6 和维生素 C 等。控制出血除使用常规止血药外，最好输血或输入血浆，补充凝血因子和血小板以提高疗效。为防止细菌感染，应选用适宜的抗生素或磺胺药等。对于"蓝眼"症状，可以参照眼前色素层炎的治疗方法。

本病的预防措施是接种质量可靠的疫苗，具体免疫程序参见犬瘟热防治措施。

【诊疗注意事项】①本病临床症状与多种疾病相似，应特别注意与犬瘟热、犬细小病毒性肠炎、感冒、单纯的间质性角膜炎或浅表性角膜炎进行鉴别。②犬传染性肝炎病毒对肝脏及小血管内皮细胞损害严重，保肝和制止出血是治疗的重点。

犬冠状病毒感染

犬冠状病毒感染是由犬冠状病毒（CCV）引起的犬科动物、尤其幼犬的一种消化道传染病，以急性胃肠炎综合征为特点。发病率很高，但死亡率较低。

【病因】犬冠状病毒存在于感染犬小肠上皮细胞及粪便中，通过粪便污染环境、食物或饮水等，经消化道或呼吸道而感染健康动物。

【典型症状】本病传播迅速，数日内即可蔓延全群。患犬精神不振，嗜睡，厌食，最初常有持续数天的呕吐，随后开始腹泻，粪便呈粥样或水样、黄绿色或橘黄色、恶臭、混有数量不等的黏液或血液（图19），而体温一般正常，血液白细胞数维持正常或略有减少。2～4周龄的幼犬常因发病后迅速脱水而死亡，成年犬大多容易康复。

【诊断要点】根据患犬体温大多正常或降低、血便不多见等临床症状，结合发病率很高、死亡率较低、以新生幼犬多发等流行病学特点，应怀疑本病。目前使用犬冠状病毒快速检测试纸卡是鉴别和确诊本病良好的方法（图20）。有的大学教学动物医院取患犬粪便上清液做磷钨酸负染后上电镜观察，发现典型冠状病毒颗粒即可迅速作出诊断。

图19 犬冠状病毒感染常见症状

患犬精神不振，黄绿色粪便常污染肛门周围被毛。（彭永鹤）

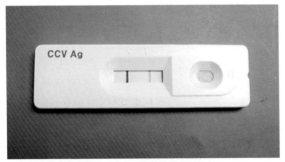

图20 CCV快速检测结果

图19中的患犬粪便检测呈阳性结果。（彭永鹤）

【防治措施】对单纯性的犬冠状病毒感染，应当选用国产犬5联血清注射，因国产犬3联和4联血清不含抗犬冠状病毒的抗体。其他治疗措施以对症为主，包括止吐、止泻、消炎、补液、增加营养等，预防水、电解质平衡及酸碱平衡紊乱，基本用药及方法与犬细小病毒感染治疗相同。

【诊疗注意事项】①犬冠状病毒感染引起的胃肠炎没有显著的临床特征，在缺乏流行病学资料时与普通病中的胃肠炎难以区别。②尽量采用先进快速的检测方法进行确诊，以便及时使用抗血清及抗病毒药物进行治疗。

狂 犬 病

狂犬病是由狂犬病毒（RV）引起的人和所有温血动物共患的急性直接接触性传染病。患病动物一旦出现症状，致死率几乎100%。

【病因】主要通过咬伤的皮肤黏膜感染，也可通过气溶胶经呼吸道感染或误食患病动物的肉、动物间相互残食而经消化道感染。此外，也有经胎盘垂直传播的报道。

【典型症状】主要分为三个阶段：前驱期2～3天，患犬体温升高，神情异常，瞳孔散大，咬食异物，唾液增多等；狂暴期1～7天，患犬兴奋狂暴，目光凝视，四处游荡，常主动攻击人畜，叫声嘶哑，口流唾液；麻痹期2～4天，患犬下颌下垂，张口流涎，瞬膜突出，行走摇晃，消瘦脱水，终因全身衰竭和呼吸中枢麻痹而死亡。

【诊断要点】依据患犬狂暴、流涎、有攻击性和后期运动失调等症状，结合散发和曾被其他犬咬伤的病史，应怀疑本病。本病的实验室诊断包括在患犬脑组织观察到神经细胞胞浆内的嗜酸性包含体（图21、图22），或使用ELISA检测试剂盒进行狂犬病抗原定性及血清抗体水平检测等。

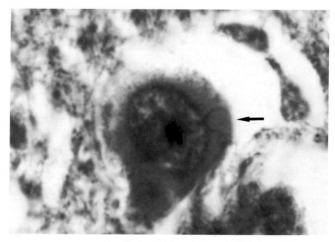

图21　患犬脑组织病理切片观察

显示神经细胞内的嗜酸性包含体。(HE×1 000，陈怀涛)

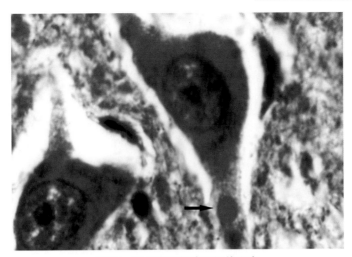

图22　患犬脑组织病理切片观察

显示神经细胞内的嗜酸性包含体。(HE×1 000，陈怀涛)

【防治措施】对于控制高死亡率的狂犬病，世界上先进国家都建议选用安全有效的狂犬病灭活疫苗进行预防注射。目前国内、外应用较广的是荷兰英特威公司的狂犬疫苗NOBIVAC RABIES（在中国已登记注册），其疫苗抗原含量为每头份≥2个国际单位，是世界卫生组织（WHO）及世界动物卫生组织（OIE）要求的2倍，对温度的稳定性及所采用的佐剂可使保护持续期很长，能够在我国农村集中免疫的时候发挥重要作用。该苗免疫程序为：3月龄以上的犬每年注射一次，或按照当地兽医主管部门要求执行。由于动物个体差异和幼犬免疫器官发育情况不同，国外兽医也有选择接种2次疫苗的基础免疫。

犬只一旦感染本病，应按照有关规定扑杀处理。

【诊疗注意事项】①在犬病诊疗实践中，出现神经兴奋症状的疾病主要是犬瘟热、狂犬病、脑膜脑炎、有机氟中毒等，应根据病史及综合症候群进行鉴别。②诊疗人员被可疑患犬咬伤后应尽快前往当地疾病预防控制中心接种人类狂犬病疫苗，使机体在病毒未进入中枢神经前已经产生坚强的主动免疫力。

犬埃立克体病

犬埃立克体病是由立克次体目无形体科埃立克体属的犬埃立克体、欧文埃立克体和无形体属的血小板无形体等引起的，主要由蜱传播的一种犬败血性传染病。据有关资料，广东有些地区犬的总阳性率可达51.6%。

【病因】感染或发病的患犬为传染源，血红扇头蜱为主要传播媒介，当其幼蜱或若蜱叮咬感染犬时获得病原，之后蜕皮发育为成蜱，在叮咬健康犬时将病原传播。此外，输血也是造成病原传播的重要途径。

【典型症状】患犬体温升高，精神沉郁，食欲减退，体重减轻，结膜逐渐苍白，约50%以上患犬表现鼻腔出血。部分患犬眼、鼻有黏液脓性分泌物，咳嗽且呼吸困难，呕吐物与粪便带血，四肢关节肿大等。

【诊断要点】依据病犬发热、鼻腔滴血、多关节肿大、脾脏肿大等异常，同时在犬体表容易发现寄生蜱，可怀疑本病。取发热的急性期病犬血液离心后白细胞层涂片，使用姬姆萨-瑞氏染液染色后镜检，有可能在单核细胞、中性粒细胞或血小板中发现蓝紫色的桑椹状包含体，但检出率很低（图23、图24）。血液常规检查有重要的诊断

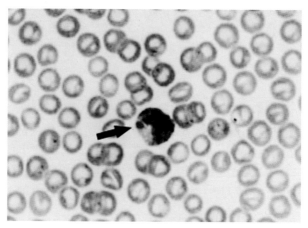

图23　患犬血液涂片染色

单核细胞内的病原包含体。（Wright×400，马玉海）

意义，病犬血细胞压积降低，白细胞、红细胞、血红蛋白和血小板数呈一致性显著减少。血清生化检验，部分病犬血清丙氨酸氨基转移酶（ALT）、天门冬氨酸氨基转移酶（AST）、碱性磷酸酶（ALP）等活性升高，尿素氮和肌酐值升高，白蛋白减少。尿液常规检查，可能出现蛋白尿。目前，宠物临床普遍使用美国爱德士公司的四合一（SNAP 4Dx）试剂盒，可以检测犬埃立克体、嗜吞噬细胞无形体及莱姆病的抗体和恶丝虫抗原是否为阳性结果，检测灵敏且使用方便。

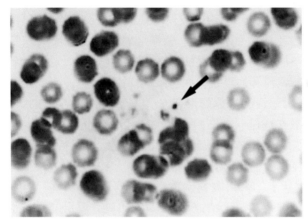

图24　患犬血液涂片染色

血小板内的病原包含体。（Wright×400，马玉海）

【防治措施】治疗本病常用盐酸强力霉素（盐酸多西环素），对急性病犬或慢性感染且症状轻微的病犬疗效明显，按每千克体重2～4毫克，溶于5%葡萄糖生理盐水中静脉注射，每天一次，连续用药至体温恢复正常，鼻腔滴血停止。也可投服强力霉素片剂，用药须持续数周，但个别犬可能对服药表现呕吐或过敏反应，配合适量糖皮质激素有利于减轻反应。对于临床症状复杂且严重的病犬，通常需要采取止血、输血、调节酸碱平衡和电解质平衡、保肝等措施。如鼻腔出血明显，最好联合应用止血敏、维生素K和氨甲苯酸，或选择高效止血药如注射用二乙酰氨乙酸乙二胺、注射用蛇毒血凝酶（巴曲亭）或白眉蛇毒血凝酶（邦亭）等，能起到较好的止血作用。当然对贫血和出血病犬，如能及时输血，既可以补充循环血量，也能有效控制因血小板减少而导致的各器官出血。

【诊疗注意事项】①本病用四环素类药物治疗效果显著，但不易消除患犬血液带菌状态。②大部分急性病例在治疗1~2周后症状逐渐消失转为慢性，但持续1~4个月后容易复发。

嗜血支原体病

嗜血支原体病是新近提出来的，以往习惯地称之为附红细胞体病或血巴尔通体病，是一种由吸血昆虫或节肢动物传播的慢性感染性疾病，病原体寄生于犬的红细胞、血浆和骨髓中，感染犬以隐性感染、慢性迁延、条件致病、急性发病时致死率高为特点，临床症状以发热、溶血性贫血、黄疸和血红蛋白尿为基本特征。

【病因】犬嗜血支原体的形态大多为球状，少见椭球状、杆状等，可呈单个、散在或链状分别附着在犬的红细胞表面，或围绕在整个红细胞上，使红细胞形成突起或结构和通透性改变而导致变形。传播途径包括媒介昆虫传播、血源性传播、接触性传播和垂直传播几种。

【典型症状】本病以贫血、黄疸、虚弱为基本特征，尤以仔犬和幼犬症状典型。病初患犬精神不振，反应迟钝，喜卧嗜睡，不愿走动；一旦体温升高，则食欲明显减退或废绝，有呕吐或腹泻现象及不同程度的脱水。随着病程延长，眼结膜苍白或黄染，尿色棕黄似豆油状，全身症状加重。

【诊断要点】

1. 血常规检查　红细胞数减少，白细胞数增多，血红蛋白含量和红细胞压积下降。

2. 新鲜血压片观察　红细胞大多呈星芒状或不规则多边形，游离于血浆中的附红体呈球形、卵圆形、短杆状或星状绿色闪光小体，当其附着于红细胞边缘后便不再活动（图25）。

3. 血涂片瑞特氏染色观察　红细胞呈紫红色，虫体呈淡蓝色（图26）。

【防治措施】二丙酸咪唑苯脲注射液是治疗动物焦虫病和附红细胞体病的首选药，该药具有治疗效果好、副作用少、使用安全方便等优点。盐酸强力霉素是国内外常用的治疗药物，按每千克体重10毫克投服，每天1~2次，连用28天，以防很快复发。可选的其他传统药物有

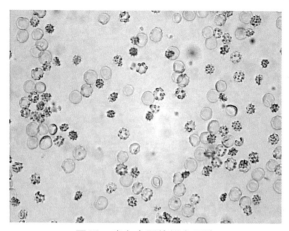

图25 嗜血支原体鲜血压片

感染的红细胞边缘不整呈棘突样变形，与正常红细胞形成鲜明对比。（×400，周庆国）

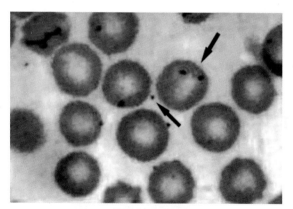

图26 嗜血支原体涂片染色

嗜血支原体呈球形和卵圆形，直径为0.2～2.6微米。（Wright×1 000，张浩吉）

新肿凡纳明、三氮脒（贝尼尔、血虫净）、黄色素（锥黄素）、特效米先（长效土霉素）、磺胺间甲氧嘧啶钠、纳加诺尔等。

【诊疗注意事项】①患犬病初除表现发热、软弱、尿黄以外，一般无其他异常。②误诊现象在临床上常见，容易被诊断为犬瘟热、传染性肝炎等。③本病如不正确选择抗生素，虽经对症治疗可见症状有所缓和，但很快恢复原状。

蛔 虫 病

犬的蛔虫病是由犬弓首蛔虫或狮弓蛔虫寄生于犬的小肠内，引起主要以腹泻或卡他性肠炎为特征的常见疾病。

【病因】犬弓首蛔虫的感染途径包括胎内感染、吸吮初乳感染或出生后吞食感染性虫卵而感染。狮弓蛔虫的感染途径主要是犬吞食了感染性虫卵。

【典型症状】本病主要以幼犬常见。虫体寄生可导致犬发育迟缓、被毛粗乱、精神沉郁和消瘦，偶见拉稀。幼犬有时可吐出或随粪便排出虫体。寄生于小肠的成虫可引起大肚皮外观（图27）。重度感染时，因幼虫在体内移行导致肺损伤，引起咳嗽及呼吸加快，常见泡沫状鼻液。有的患犬可表现神经性惊厥。经胎盘严重感染的幼犬，出生几天内即可死亡。

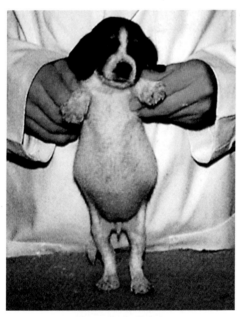

图27　蛔虫病患犬

感染犬弓首蛔虫的部分患犬呈大肚皮外观。（张浩吉）

【诊断要点】犬蛔虫病的临床症状不具有特征性。在严重感染的肺部移行期，出生两周内的一窝幼犬若同时出现肺炎症状时，应怀疑本病。确诊本病的方法：① 发现患犬随粪便排出蛔虫虫体或剖检尸体在小肠观察到蛔虫虫体（图28）；②采用直接涂片法或饱和盐水漂浮法在粪便内发现特征性虫卵（图29、图30）。

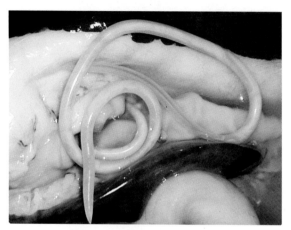

图28　犬小肠中的犬弓首蛔虫

成虫呈淡黄白色、两端较细的线状或圆柱状，雄虫长5～11厘米，雌虫长9～18厘米。（胡俊杰）

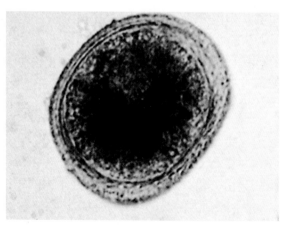

图29　犬弓首蛔虫卵

虫卵呈亚球形，黑褐色，卵壳厚且有凹痕，大小为（68～85）微米×（64～72）微米。（张浩吉）

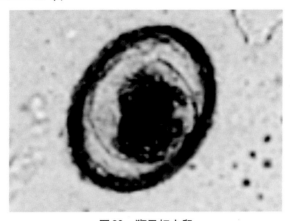

图30　狮弓蛔虫卵

虫卵呈卵圆形，卵壳厚而光滑，大小为（49～61）微米×（74～86）微米。（张浩吉）

【防治措施】有多种药物可用来驱虫，如左旋咪唑每千克体重10毫克、丙硫咪唑或硫苯咪唑每千克体重25～50毫克，每天口服1次，连用2～3天；或选用伊维菌素、多拉菌素等，按每千克体重0.2～0.3毫克，一次内服或皮下注射。

要做好定期驱虫，幼犬2周龄、4～5周龄、2月龄时各行一次驱虫，成年犬每隔3～6个月驱虫一次。同时注意环境、食具及食物清洁卫生，及时清除粪便。

【诊疗注意事项】①蛔虫感染是宠物饲养中极为普遍的现象，应告诉主人养成给爱犬定期驱虫的习惯。② 对于柯利犬或有柯利犬血统的犬禁用伊维菌素和多拉菌素。

钩　虫　病

犬的钩虫病是由犬钩口线虫或狭头弯口线虫寄生于犬的小肠内，引起主要以卡他性肠炎或出血性肠炎为特征的常见疾病。

【病因】犬钩口线虫的感染途径包括经胎盘感染、吸吮初乳感染、经口感染、经皮肤感染。狭头弯口线虫的感染途径最多为经口感染，很少有其他感染途径。

【典型症状】

1. **急性型** 见于严重感染的幼犬，食欲减退，异嗜，呕吐，下痢与便秘交替，粪便带血或呈黑色，消瘦，黏膜苍白，被毛粗刚、无光泽、易脱落。

2. **慢性型** 成年犬感染少量虫体，一般仅表现轻度贫血、消化不良和胃肠功能紊乱。

3. **钩虫性皮炎** 大量幼虫经皮肤侵入时，可发生四肢皮肤瘙痒、脱毛、肿胀和角质化等；有的患犬四肢浮肿或久之破溃。

【诊断要点】患犬出现贫血、黏膜苍白、消瘦等异常，可怀疑本病。确诊须进行粪便检查，通常采用饱和盐水浮集法检查粪便内的钩虫卵（图31）。对于死亡患犬剖检，可见其肠道出血明显和附着于肠壁上的大量钩虫虫体（图32）。

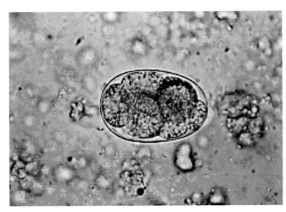

图31 粪便中的犬钩口线虫卵

虫卵呈椭圆形，壳薄，无色透明，内含数个分裂的胚细胞，大小为（56～76）微米×（36～40）微米。（张浩吉）

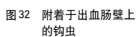

图32 附着于出血肠壁上的钩虫

成虫呈淡黄白色纤细短小的线状，体长1厘米左右。（周庆国）

【防治措施】可选用丙硫咪唑或硫苯咪唑，按每千克体重50毫克，每天口服1次，连用3天。或选用伊维菌素、多拉菌素等，其用量为每千克体重0.2～0.3毫克，一次内服或皮下注射。

保持犬舍日常清洁干燥，及时清理粪便。对笼舍的木制部分用开水浇烫，铁制部分或地面用喷灯喷烧，可搬动的用具移到户外暴晒，均可杀死虫卵。

【诊疗注意事项】①除了针对性驱虫以外，还应结合肠炎和贫血等症状进行合理治疗，如消炎、止泻、输液、输血等。②口服或注射含铁的滋补剂也是临床治疗贫血的常用方法。

绦 虫 病

犬的绦虫病是由绦虫纲不同科、属的绦虫寄生于犬小肠内，主要引起以慢性卡他性肠炎为症状的常见疾病。

【病因】以犬复孔绦虫寄生于犬小肠最为多见，但也见泡状带绦虫等其他绦虫引起本病。绦虫的生活史中需要一个或两个中间宿主，其中犬复孔绦虫以跳蚤为中间宿主，其他绦虫大多以牛、羊、猪、兔、鼠、蛙、鱼及其他野生动物为中间宿主，当犬吞食已感染绦虫卵或含绦虫蚴的中间宿主后即被感染。

【典型症状】轻度感染一般不显症状。幼龄犬或重度感染时，常表现慢性卡他性肠炎和肛门瘙痒等症状，并随粪便排出扁平、白色的绦虫孕卵节片。患犬渐进性消瘦，营养不良，食欲紊乱以及异嗜等。

【诊断要点】绦虫基本形态呈背腹扁平的白色或乳白色不透明带状，成虫体长自数毫米至数米不等（图33）。临床很少看到成虫随粪便排出，而多见随粪便排出扁平、白色的绦虫孕卵节片（图34）。因此，若在肛门周围或粪便中发现绦虫孕卵节片即可确诊。此外，采用饱和盐水漂浮法检查粪便中的虫卵和储卵囊也能确诊本病（图35至图38）。

【防治措施】吡喹酮驱绦虫效果可靠，按每千克体重5～10毫克口服，需连用2～3天。甲苯咪唑或硫苯咪唑对复孔绦虫无效，但有驱带绦虫效果，可按每千克体重50～100毫克，每天1次，连用5天。目前宠物临床常用复方驱虫药品，如德国拜耳公司生产的"拜宠清"驱虫

图33 犬小肠内的犬复孔绦虫

犬复孔绦虫活体为淡红色，长达50厘米，约由200个体节组成。（周庆国）

图34 粪便中的犬复孔绦虫孕卵节片

孕卵节片宽约3毫米，似黄瓜籽状。（张浩吉）

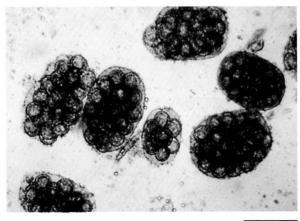

图35 犬复孔绦虫储卵囊与虫卵

每个储卵囊内含大约20个虫卵，虫卵呈球形。（张浩吉）

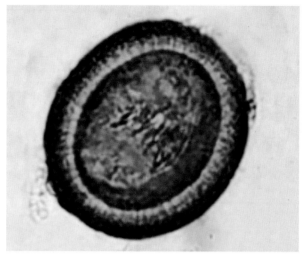

图36 带绦虫卵

虫卵呈卵球形，黄褐色，卵壳厚而光滑，其上有放射状条纹，大小为（36～39）微米×（31～35）微米，内含六钩蚴。（张浩吉）

图37 曼氏迭宫绦虫卵

虫卵近卵圆形，两端稍尖，有卵盖，内有一个卵细胞和许多卵黄细胞，大小为（52～76）微米×（31～44）微米。（徐伏牛）

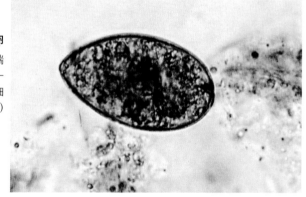

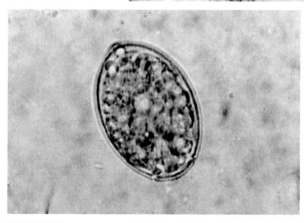

图38 宽节裂头绦虫卵

虫卵呈卵圆形，两端钝圆，一端有卵盖，另一端有小结节，大小为（67～71）微米×（40～51）微米。（徐伏牛）

片，投服一次就能有效驱除包括复孔绦虫在内的6种绦虫和蛔虫、钩虫、鞭虫等5种线虫，每10千克体重1片；重复服用间隔，按不同年龄分别为两周至两月不等。

预防本病重在防止犬食入中间宿主，所以应重视驱除犬体表及环境中的跳蚤，不让犬生食猪、羊等动物的内脏、大网膜和肠系膜等。

【诊疗注意事项】①"拜宠清"非常适用于治疗肠道寄生虫感染，对妊娠及哺乳期母犬、幼犬使用安全。②犬复孔绦虫的中间宿主为跳蚤，具体驱杀方法参看蚤病防治措施。③犬复孔绦虫偶尔可感染人，尤其是儿童，应告戒犬主注意饮食卫生，以防感染。

等孢球虫病

犬的等孢球虫病是由艾美耳科等孢子属的几种球虫寄生于犬小肠和大肠黏膜上皮细胞内而引起的一种以卡他性肠炎或出血性肠炎为特征的原虫病。

【病因】犬等孢球虫、俄亥俄等孢球虫是感染犬的主要虫种，球虫卵囊随宿主粪便排出，在外界适宜条件下经1天或更长时间完成孢子化，而孢子化的卵囊具有感染性，当犬吞食了被孢子化卵囊污染的食物或舔舐被其污染的器具即发生感染。

【典型症状】感染的幼龄犬猫小肠全段呈卡他性炎症或出血性炎症，以回肠下段最为严重，主要排出稀软、混有黏液和血液的泥状粪便，同时可出现轻度发热、精神沉郁、食欲减退、消瘦和贫血等症状。成年犬猫感染后多呈慢性经过，食欲不振，便秘与腹泻交替发生，异嗜，病程可达3周以上，一般能自然康复，但其粪便中仍有卵囊排出。

【诊断要点】依据典型的肠炎症状，结合使用多种抗生素治疗无效，可怀疑本病。确诊应采用直接涂片法或饱和盐水漂浮法检查粪便中的球虫卵囊（图39、图40）。剖检死亡患犬发现，小肠黏膜有卡他性炎症和糜烂，并有白色球虫性结节。

【防治措施】磺胺喹噁啉为抗球虫的专用磺胺药，也是治疗畜禽球虫病的首选药，具有抗肠道球虫和抗菌的双重功效，且不影响宿主对球虫的免疫力。该药用于犬，按每千克体重30毫克，每天口服2次，连用5～7天。或使用磺胺-6-甲氧嘧啶，首次剂量为每千克体重50～

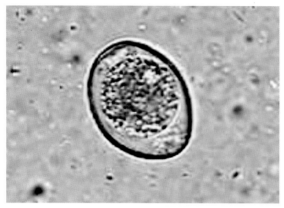

图39 等孢球虫卵囊

卵囊呈椭圆形，大小囊壁光滑，无卵膜孔，大小为(32～40)微米×(27～33)微米。(张浩吉)

图40 孢子化的球虫卵囊

孢子化卵囊内含有2个孢子囊。(张浩吉)

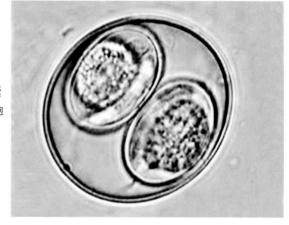

100毫克，维持量减半，每天口服、静脉或肌内注射1～2次，连用5～7天。专用复方驱虫药"诺信"芬苯达唑片（含芬苯达唑、吡喹酮、硝硫氰酯和妥曲珠利）除对肠道各种线虫、绦虫有驱虫作用外，也具有抑杀艾美耳球虫及其卵囊的作用，犬按2.5～5千克体重投服1片，连用3～6天为1个疗程，适用于0.5～15千克体重。临床有使用德国拜耳公司的百球清（含妥曲珠利）驱杀球虫的方法，每千克体重犬按0.25毫升，猫按每千克体重0.15毫升，投服1次有良好效果。

对脱水严重的患犬还应及时补液，并根据贫血程度采取必要的输血疗法。

【诊疗注意事项】在临床治疗时，对脱水严重的患犬应及时补液，贫血严重时也应给予输血治疗。

肝 吸 虫 病

　　肝吸虫病是由两种吸虫分别寄生于犬等多种哺乳动物及人肝胆管、胆总管或胆囊内所引起的一种人兽共患吸虫病，轻度感染一般不显异常，严重感染可表现食欲减退、黄疸、腹水等肝功能及消化机能障碍等一系列症状。

　　【病因】华支睾吸虫和猫后睾吸虫基本形态呈背腹扁平的葵花子状或柳叶状，前端稍尖，后端钝圆（图41、图42）。两种吸虫的生活史基本相同，成虫排出的虫卵随胆汁进入小肠并经粪便排出体外，先后在淡水螺（第一宿主）和淡水鱼或虾（第二宿主）体内发育，当犬吞食感染囊蚴的生的或未煮熟的鱼、虾后，约经1个月即在胆管内出现成虫。

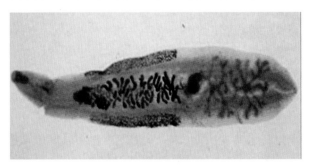

图41　华支睾吸虫

成虫呈背腹扁平的葵花子状或柳叶状，前端稍尖，后端钝圆，体长10～25毫米，宽3～5毫米。（张浩吉）

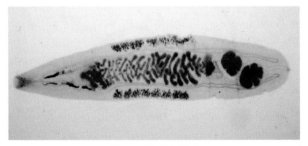

图42　猫后睾吸虫

成虫形态似华支睾吸虫，体长8～12毫米，宽2～3毫米。（张浩吉）

【**典型症状**】患犬多数呈慢性经过，病初表现精神沉郁，食欲减少，继之呕吐、腹泻和脱水，可视黏膜发黄，尿液呈橘黄色，肝区触诊疼痛。严重感染时，出现顽固性下痢、贫血和逐渐消瘦，因胆管寄生的大量虫体或虫卵刺激而引起肝硬化，患犬腹水增多而表现腹部显著增大。

【**诊断要点**】根据患犬的临床症状，结合有摄食生鱼虾的病史，应怀疑本病。目前确诊本病的主要方法仍是传统的粪便检查，如果发现典型的肝吸虫卵，便可确诊。华支睾吸虫卵呈梨形，淡黄褐色，大小为（27～35）微米×（11～19）微米，前端窄，有卵盖，宽的一端常有逗点状小突起（图43）。猫后睾吸虫卵呈卵圆形，淡黄色，大小为（26～30）微米×（10～15）微米，一端有卵盖，另一端有小突起（图44）。

【**防治措施**】吡喹酮是驱除绦虫和吸虫的理想药物，按每千克体重50～75毫克，一次投服；或按每千克体重25毫克，每天投服3次，连用2天。阿苯达唑（丙硫苯咪唑）和芬苯达唑也有较好的驱绦虫和吸虫效果，按每千克体重25～50毫克，一次投服，若以连续低剂量给药，则驱虫效果优于一次给药。

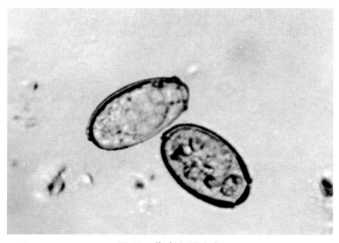

图43　华支睾吸虫卵

虫卵呈梨形，淡黄褐色，大小为（27～35）微米×（11～19）微米，前端窄，有卵盖，宽的一端常有逗点状小突起。（李祥瑞）

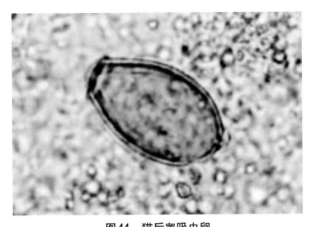

图44　猫后睾吸虫卵

虫卵呈卵圆形，淡黄色，大小为（26～30）微米×（10～15）微米，一端有卵盖，另一端有小突起，内含毛蚴。（张浩吉）

　　预防本病应防止犬、猫的粪便污染水塘，并禁用生鱼、虾饲喂犬、猫等动物。

　　【诊疗注意事项】①患犬生吃鱼、虾的经历对于本病的正确诊断十分重要，临床应重视问诊。②华支睾吸虫病是重要的人、畜共患寄生虫病，除了重视犬的预防，也不应忽视对猫、猪、人及其他动物的预防。

肺　吸　虫　病

　　肺吸虫病是由几种并殖吸虫寄生于犬或人的肺脏和气管内，又称为并殖吸虫病，是一种以阵发性咳嗽、慢性支气管炎等为特征的人兽共患寄生虫病。

　　【病因】并殖科并殖属的卫氏并殖吸虫、斯氏狸殖吸虫和三平正并殖吸虫是我国的主要致病并殖吸虫，其中以卫氏并殖吸虫为主要病原（图45）。虫体红褐色，背面隆起，腹面扁平，很像半粒红豆，常成双寄生在肺组织形成的包囊内，包囊有微细管道与小支气管相通；有的则寄生于皮下、肌肉、胸、脑、肝、肠系膜等处形成包囊。卫氏并殖吸虫的生活史中需要两个中间宿主，成虫在肺部虫囊内产卵后，虫卵沿气管入口，咽下再随粪便排出体外，先后在淡水螺（第一宿主）和

图45 卫氏并殖吸虫

虫体呈卵圆形，红褐色，背面隆起，腹面扁平，长7.5～16毫米，宽4～8毫米。(张浩吉)

甲壳类（第二宿主）体内发育，当犬吞食含有囊蚴的第二宿主如淡水蟹或喇蛄后即可感染。

【典型症状】患犬精神不佳，咳嗽，初为干咳，以后有痰液，而痰多呈白色黏稠状并带有腥味。若继发细菌感染，则痰液增多，并可伴有咯血、发热、腹痛、腹泻及黑便等症状，其中铁锈色或棕褐色痰液为本病的特征性症状。若幼虫移行于脑部时，患犬可出现共济失调、癫痫或瘫痪等异常。

【诊断要点】依据患犬临床症状和有生食溪蟹及喇蛄的习惯，可怀疑本病。确诊可采集患犬粪便、痰液，用水洗沉淀法检查虫卵（图46）；或死后在肺组织发现典型虫囊及囊内的虫体。因虫体可寄生于皮

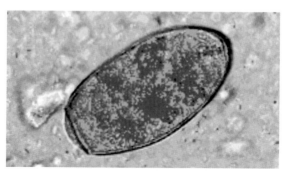

图46 卫氏并殖吸虫卵

虫卵呈椭圆形，金黄色，大多有卵盖，卵壳厚薄不匀，大小为（75～118）微米×（48～67）微米。(张浩吉)

下、肌肉形成包块或结节，可在手术摘除后进行活组织检查，若观察到典型虫卵或虫体便可确诊。

【防治措施】可投服吡喹酮，用量按每千克体重50～100毫克，1次给药有效率接近100%；为巩固疗效，10天后按上述剂量再服用1次。也可选用丙硫咪唑，按每千克体重15～25毫克，每天口服1次，连用6～12天。或用硫苯咪唑，按每千克体重50～100毫克，每天口服2次，连用7～14天。在本病流行区域不用新鲜的生蟹或喇蛄等作为犬的食物，便可有效地预防其感染。

【诊疗注意事项】本病主要表现为呼吸道症状，临床上应注意与其他相似疾病进行鉴别。

恶 丝 虫 病

犬恶丝虫病又名犬心丝虫病或犬血丝虫病，是由犬恶丝虫寄生于犬的右心室及肺动脉内（图47），主要引起以循环障碍、呼吸困难及贫血等症状为特征的疾病。

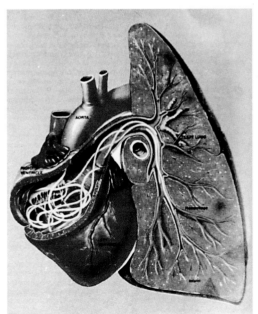

图47　寄生在犬右心室与肺动脉中的恶丝虫

成虫呈细长粉丝状，微白色，雄虫长12～16厘米，雌虫长25～30厘米，多条虫体常纠缠在一起。（模式图）

【病因】犬恶丝虫的胎生幼虫称为微丝蚴，释放到血液中可生存2年以上。当蚊、蚤等中间宿主叮咬患犬时，将其外周血液中的微丝蚴吸入体内，再次叮咬其他健康犬时引起感染。成虫在患犬体内最长可存活8年。

【典型症状】最早出现的症状是慢性咳嗽，但无上呼吸道感染的其他表现，运动时咳嗽加重或容易疲劳。随着病情发展，出现心跳快弱、心内杂音（三尖瓣闭锁不全的缩期杂音）、呼吸困难、贫血和嗜酸性粒细胞增多等症状；严重病例则见持续咳喘，检查肝脏肿大、胸腹腔积液及肝肾功能减退等。

【诊断要点】观察血液中的微丝蚴（图48）是确诊本病的常用方法，可取末梢血液一滴置载玻片上，加少量生理盐水稀释后加盖片直接镜检；或取全血1毫升加2%甲醛9毫升，混合后以1 000～1 500转/分离心5～8分钟，弃去上清液，取1滴沉渣和1滴0.1%美蓝溶液混合后镜检。背腹位X线检查、B型超声检查可能观察到因虫体寄生引起右心肥大和肺动脉增粗等病理变化。使用商品化的心丝虫抗原检测试纸卡是当前诊断本病的简便方法。

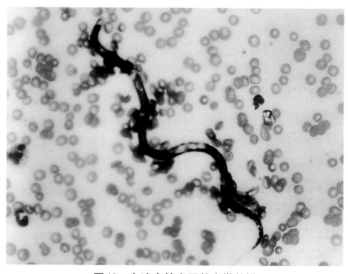

图48　血液中的犬恶丝虫微丝蚴

犬感染6～7月后血液中出现微丝蚴，其长0.25～0.3毫米，在血液中作蛇行或环行运动。（林德贵）

【防治措施】1%伊维菌素或多拉菌素对犬恶丝虫成虫及微丝蚴均有杀灭作用，可按每千克体重0.2～0.3毫克，一次皮下注射。美国辉瑞公司的"大宠爱（赛拉菌素溶液）"滴剂外用方便，6周龄以上犬（包括柯利犬或柯利血统犬，妊娠、哺乳犬）每月颈根部皮肤外用1支，即可彻底防治本病和跳蚤感染，同时可驱杀疥螨、耳螨和多种肠道线虫。左旋咪唑可驱杀血液中的微丝蚴，按每千克体重10毫克，每天口服1次，连用6～15天。瑞士诺华公司的"犬心安"片可预防本病，每月口服1片，但要求血液检测微丝蚴阴性。国外有切开颈静脉取出虫体的手术治疗方法，通常适用于虫体寄生很多而肝肾功能不良的病例。

【诊疗注意事项】①犬感染后5～6.5个月才会在其血液中出现微丝蚴，并且通常有25%以上感染犬的血液难以查出微丝蚴，可做胸部X线、B型超声或心丝虫抗原检测等进行确诊。②对患犬进行药物治疗时，有的病例可能出现虫体死亡反应（如发热、不安、咳喘或呕吐等），可于治疗前后使用皮质类固醇减轻。③药物治疗后3～5个月使用心丝虫抗原检测试纸卡检测仍为阳性，表明尚有成虫残留。

巴贝斯虫病

犬巴贝斯虫病是由几种巴贝斯虫寄生于犬的红细胞中，引起以严重贫血、黄疸和血红蛋白尿为特征的一种血液原虫病。

【病因】引起本病的病原有犬巴贝斯虫、韦氏巴贝斯虫和吉氏巴贝斯虫等，其中犬巴贝斯虫长4～5微米，形态如梨籽形，常成双寄生在红细胞内；韦氏巴贝斯虫体形略大，形态和犬巴贝斯虫十分相似；吉氏巴贝斯虫长1～3.3微米，形态为环行、圆点形、椭圆形或小杆形，多以单个虫体寄生在红细胞边缘或偏中央（图49、图50）。巴贝斯虫的中间宿主为血红扇头蜱等硬蜱类，当患犬被蜱叮咬时，其血液中的虫体进入蜱体内发育繁殖，已经感染的蜱叮咬健康犬时造成感染。此外，经蜱卵传播是本病的另一种传播方式。

【典型症状】本病一般呈慢性经过。病初体温升高，持续3～5天后转为正常，5～7天后再度升高，基本呈不规则间歇热型。患犬精神沉郁，食欲减退，四肢无力，不愿活动；随着病情发展，可视黏膜苍白至黄染，出现血红蛋白尿。腹部触诊脾脏肿大，肾脏单侧或双侧肿大且有痛感。

【诊断要点】依据患犬典型症状和体表有大量硬蜱寄生，可怀疑本病。通常采发热期患犬耳尖血涂片，瑞特氏染色或甲醇固定后姬姆萨染色镜检，发现红细胞内典型虫体即可确诊（图49、图50）。未查出虫体而仍怀疑本病时，可使用有效药物进行诊断性治疗，若有明显疗效，基本可以确诊。

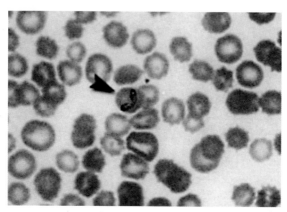

图49　犬巴贝斯虫

虫体大小5微米×（2.5～3）微米，在红细胞内常呈典型的成对梨籽形，尖端以锐角相连。（张浩吉）

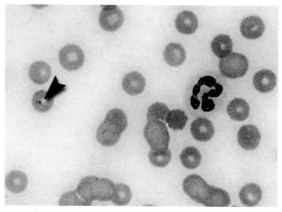

图50　吉氏巴贝斯虫

虫体大小约1.9微米×1.2微米，在红细胞内呈多形性，但以圆形和卵圆形虫体最为多见。（张浩吉）

【防治措施】治疗本病的药物有硫酸喹啉脲，按每千克体重0.25毫克，皮下或肌内注射，隔日需重复一次。或选用咪唑苯脲，按每千克体重5.0～6.6毫克，皮下或肌内注射，间隔2～3周再用药一次。也可使用血虫净，按每千克体重5毫克，深部肌内注射。对于高度贫血的患犬，配合输血疗法将提高疗效。

预防本病的关键是防止蜱的叮咬，对环境和犬体表应选用药物灭蜱。

【诊疗注意事项】①在应用特效杀虫药的基础上，应当采用支持疗法，如对重度贫血犬进行输血，应用抗生素防止并发感染，补充体液、葡萄糖和维生素B_{12}等。②作为输血供体的犬应避免选择感染巴贝斯虫的病犬或临床康复犬。③硫酸喹啉脲和咪唑苯脲均有抑制胆碱酯酶的作用，可在用药前或同时应用适量的阿托品减轻其副作用。

口　腔　炎

口腔炎是泛指口腔内黏膜的炎症，一般包括舌黏膜、颊黏膜、牙龈和上腭黏膜的炎症，实际上在犬病临床常还包含了许多牙病在内。

【病因】食物中的尖锐异物、食物过热、牙菌斑和牙结石等，可引起舌炎、颊黏膜炎、牙龈炎、牙周炎等。犬传染性肝炎可见牙龈充血、出血，维生素A和维生素B族缺乏、尿毒症等也可继发口腔黏膜发炎。

【典型症状】患犬大量流涎，采食缓慢并不敢咀嚼，见到食物后想吃但不敢吃（图51）。检查患犬口腔时，一般反应敏感，抗拒检查，

图51　犬口腔炎

患犬流涎，采食缓慢。（曹浪峰）

呼出气体有难闻臭味，仔细观察可见口腔内某处黏膜潮红、肿胀、糜烂或溃疡（图52）。由于牙菌斑、牙结石、牙垢引起的口腔溃疡、牙龈炎、牙周炎和牙周脓肿等，可见牙龈潮红、肿胀、糜烂，牙周流出脓性渗出物，严重时牙齿松动、脱落（图53、图54）。

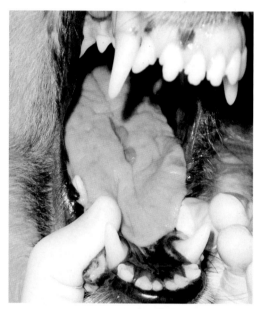

图52　犬口腔炎

口腔牙齿较好，舌面上有三个溃疡灶。（周庆国）

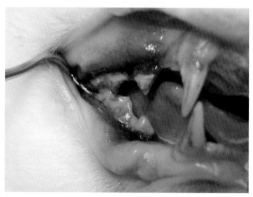

图53　犬口腔炎

齿龈充血、潮红、肿胀，犬齿上有牙菌斑。（谢建蒙）

图54　犬口腔炎

部分齿龈出血、萎缩，牙齿上有菌斑和结石。麻醉后拟清洁牙齿，并酌情考虑拔牙必要性。(周庆国)

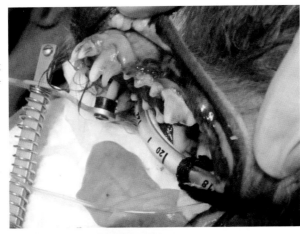

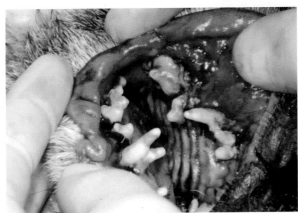

图55　犬口腔炎

颊黏膜出血、溃烂和感染，牙龈萎缩严重，多个牙齿松动。(曹浪峰)

图56　犬口腔炎

拔除病齿和常规治疗5天后，口腔黏膜愈合。(曹浪峰)

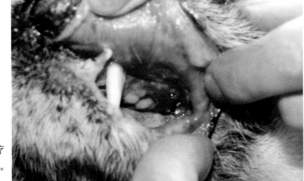

【诊断要点】依据症状特点容易诊断出口腔炎和牙齿疾病，检查中应注意口腔内是否有异物残留，牙齿排列情况，黏膜炎症部位、性质及程度，并分析引起口腔炎和牙齿疾病的原因，必要时可对黏膜病灶取样作病原微生物培养，有助于科学用药，提高疗效。

【防治措施】检查口腔，清除异物、牙菌斑和结石（超声波洗牙），拔除松动或残缺不全的病齿，将有利于黏膜炎症消除和溃疡愈合。轻度感染病例，可选用2%硼酸溶液或含少量抗生素的生理盐水清洗、消毒口腔，对糜烂、溃疡面涂布碘甘油（图55）。对严重感染病犬，应全身使用抗生素，并配合维生素A、维生素B族、维生素C等治疗。如患犬口腔或牙齿疼痛无法采食时，可选用法国皇家宠物康复期处方食品（速溶食品或罐头食品），饲喂少量即能满足患犬营养需求。

【诊疗注意事项】①保证充足的清洁饮水，每次喂食后清洗口腔。②怀疑本病为真菌或病毒感染时，应选用针对性药物治疗，并将患犬与其他犬只隔离。

口腔乳头状瘤

口腔乳头状瘤是于口腔鳞状上皮的多发性良性肿瘤，常见于犬的口腔黏膜、齿龈、舌和咽等部位。

【病因】犬的口腔乳头状瘤主要由口腔乳头状瘤病毒引起，犬之间通过直接接触、或接触病毒污染的物品等传染。老年犬的皮肤乳头状瘤多与病毒无关。

【典型症状】病毒感染后经过4～8周的潜伏期，在口腔内出现淡红色或灰白色的瘤体，弥散性分布于颊部、腭部、齿龈或唇黏膜上，瘤体上端呈乳头状或分支的乳头状，使得肿瘤表面常呈花椰菜状或绒毛状（图57）。患犬常有吞咽困难、流涎、口臭等异常。有些肿瘤可在6～12周以后自发退化，患犬可获得终身免疫。

【诊断要点】依据肿瘤发生部位及特殊形态，即可作出诊断。

【防治措施】手术切除瘤体。先用2%～3%硼酸溶液或0.05%～0.1%高锰酸钾溶液冲洗口腔，然后切除瘤体，黏膜出血处可采用电灼法止血，或者使用可吸收缝线连续缝合止血。为了预防感染，术后可在清洁饮水中加入适量的庆大霉素口服。

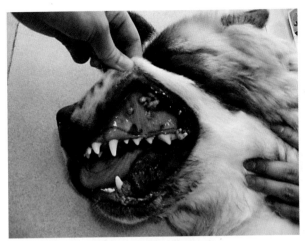

图57　犬口腔乳头状瘤

肿瘤生长在颊部黏膜上，呈结节状和花椰菜状。（周庆国）

【诊疗注意事项】手术中应将瘤体切除干净，并避免切除的肿瘤组织造成污染。

巨 食 道 症

巨食道症又称为食道扩张，临床以采食后不久食物和液体反流为特征，是犬比较常见的一种疾病。

【病因】原因并不十分明确，可能与先天性或后天性食管肌肉、神经（如吞咽中枢、传入或传出神经）发育不良导致食道运动机能丧失有关。另外，后天性的免疫调节紊乱、内分泌失调、中毒或食道炎症等也可诱发本病。

【典型症状】反流是本病最常见的症状，患犬摄入食物或饮水后几分钟到几小时，表现不安与窘迫，头颈伸展，频繁吞咽，不久可将摄入的食物或水吐出，吐出物多混有大量泡沫状的黏液与未消化的食物。随着病程延长，多表现为营养不良、消瘦，甚至发生吸入性肺炎。

【诊断要点】对于表现反流症状的患犬，应怀疑为食道扩张、狭窄、肿瘤等疾病，测试反流物pH为中性或弱碱性可提示诊断，但确诊应进行食道X线硫酸钡造影检查（图58至图60）。

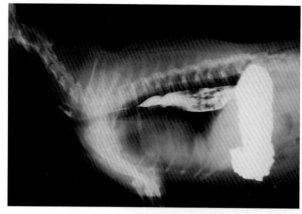

图58　犬巨食道症

钡餐后1分钟摄片显示：胸部食道显著膨大，有多量钡剂顺利进入胃内，提示贲门开张正常。（毛天翔，张忠传）

图59　犬巨食道症

钡餐后60分钟摄片显示：硫酸钡在胃内停留，食道内仍有少量钡剂，提示胃蠕动机能减弱。（毛天翔，张忠传）

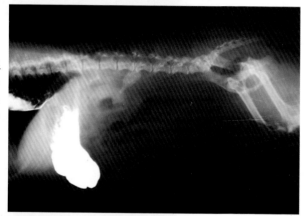

图60　犬巨食道症

钡餐后24小时摄片显示：多量钡剂进入结肠，但食道、胃内仍有少量钡剂残留，提示食道、胃肠蠕动机能减退。（毛天翔，张忠传）

【防治措施】为减轻和消除采食不久的反流症状，可让患犬取直立体位采食方式，采食结束后保持直立一定时间，接着让患犬自由活动以促进其胃肠蠕动；或采食前口服胃复安或吗丁啉等胃动力药，有一定的效果。由于患犬摄入食物量严重不足，选择高能量、易吸收的法国皇家宠物肠道处方食品（GI30）或康复期处方食品比较合理，饲喂少量即可满足其营养需求。为减少夜晚唾液分泌和反流，可以给予适当剂量的阿托品。

【诊疗注意事项】①反流是指食物未进入到胃即逆行而出，呕吐是将胃或肠内容物经口排出。②反流物和呕吐物的pH有显著的区别，前者为中性或弱碱性，后者则为明显的酸性。③反流是食道多种疾病的共同表现，采用食道X线钡餐造影可进行鉴别。

食 道 阻 塞

食道阻塞是指食道被大块的食物或异物阻塞，多发生于食道起始部、食道胸腔入口与心基部之间、心基部与横膈食道裂孔之间。本病以发病突然和吞咽困难为特征。

【病因】①饲喂较粗大的骨头或软骨块，或饲喂鸡骨、鱼骨等，容易引起本病；②玩耍时撕咬手套、毛巾、布条或塑料小玩具等吞入口腔、食道，造成食道阻塞。

【典型症状】食道不完全阻塞时，仅能食入液体食物（如牛奶、肉汤等），且采食缓慢，吞咽小心。食道完全阻塞后，患犬精神不安，头颈伸直，搔抓颈部，饮、食欲废绝，大量流涎，常吐出大量泡沫状黏液或血性分泌物。即使有时饮水或采食，但亦很快出现逆呕，神情异常痛苦。

【诊断要点】单纯性食道阻塞，依据病史、典型症状、食道触诊和X线摄片（如硫酸钡造影）检查结果，容易确诊（图61至图64）。如果有条件使用食道内窥镜检查，可直接观察到阻塞物、阻塞部位与食道损伤情况。

【防治措施】根据阻塞部位及阻塞物性质，采取不同的治疗方法。如果异物位于食道起始部，可设法打开口腔用异物钳将其夹出；如果异物不太大且较为圆滑时，可尝试上推下导将异物推回口腔或导入胃

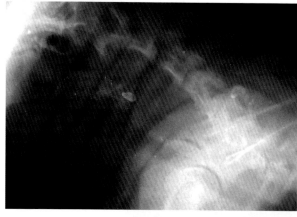

图61　犬食道阻塞

　　X线摄片显示：食道上部有不规则骨的较高密度阴影。（王拔萃）

图62　犬食道阻塞

　　X线摄片显示：心基部有不规则骨的高密度阴影。（周方军）

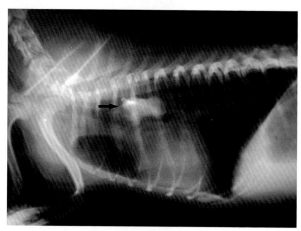

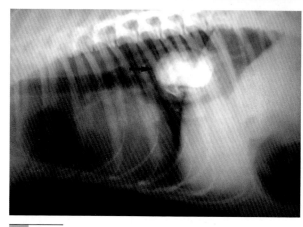

图63　犬食道阻塞

　　X线摄片显示：心基部与横膈食道裂孔之间有骨的高密度阴影。（谢建蒙）

图64　犬食道阻塞

经食道下部切口取出胸部食道内的短骨块。(谢建蒙)

内；如果异物较大、不规则而被卡住无法移动时，则必须手术取出，一般可分别选择颈部、胸部或前腹部手术通路，术后选择有效抗生素预防感染。当然，若采用食道内窥镜或胃镜，可以方便地取出许多小异物，具有操作简便、无损伤等优点。

【诊疗注意事项】①怀疑食道阻塞时，要注意检查口腔，某些异物如鸡骨、木棍、缝针等也可刺入颊部、硬腭或咽部，引起类似的临床症状。②食道阻塞与食道炎的症状有相似之处，应采用X线摄片检查进行区别。③术后当天可投服少量抗生素生理盐水，第2天可选择饲喂法国皇家犬康复期速溶处方食品，能够提供全面的营养，对患犬的康复十分有利。

胃扩张-扭转综合征

　　胃扩张-扭转综合征是一种急性发作、威胁生命的疾病。胃扩张是指胃内食物、液体或气体聚积，使胃发生过度扩张。胃扭转是指胃沿长轴扭转，阻碍胃内容物由食道或十二指肠排空，临床以顺时针扭转（由腹背位观）为多见。

【病因】急性胃扩张多见于一次摄入过量难以消化或易膨胀、发酵的食物，若胃排空迟缓和采食后运动过度即可增加胃移位和扭转的可能性。急性胃扭转发生后因导致贲门和幽门闭塞，又必然加剧胃扩张。一般中、老年犬和大型、深胸品种的犬易发本病。

【典型症状】急性胃扩张多于采食几小时后发病，患犬腹围增大，嚎叫不安、嗳气、流涎或呕吐，呼吸浅快，心动过速，结膜潮红或发绀。触诊前腹部敏感，轻拍为鼓音，听诊有金属音。一旦发生胃扭转，患犬神情淡漠，躺卧不动，很快因病情恶化而死亡。

【诊断要点】依据病史、症状及临床检查结果，基本可以确诊，而X线检查是诊断本病的常用手段（图65、图66）。胃内插管也有诊断

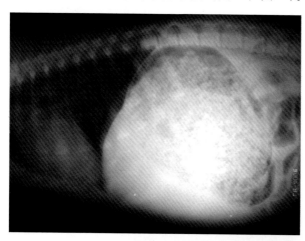

图65　犬胃扩张

X线摄片显示：胃体积增大，内有较高密度的食物阴影，提示食滞性胃扩张。（彭永鹤）

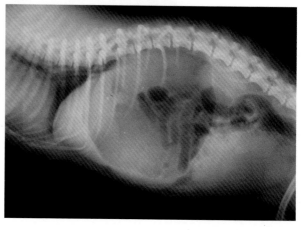

图66　犬胃扩张

X线摄片显示：胃体积增大，内有低密度空气阴影，提示气胀性胃扩张。（彭永鹤）

意义，如能顺利将胃管插入胃内，且排出较多酸臭气体和症状得到缓解，可确诊为急性胃扩张；如胃管插入困难或不能进入胃内，则可能是胃扭转。

【防治措施】迅速排除胃内容物、缓解气胀和止痛。对原发性胃扩张，可皮下注射阿朴吗啡或静松灵，以诱发患犬呕出胃内食物；也可试行胃内插管，以排出胃内液体和气体。对腹痛明显的患犬可用氯丙嗪、阿托品等药物解痉、止痛。上述方法无效时，应尽快实施手术抢救。

【诊疗注意事项】①注意区别单纯性胃扩张和胃扩张-扭转综合征，对于后者要先用药物稳定病情，然后实施手术。②术前、术后均应给予必要的液体营养支持，并预防感染。

胃 内 异 物

胃内异物是指犬误食入的异物长期滞留胃内，不能被胃液消化，也不能呕出或随粪便排出，因对胃黏膜可造成持续的机械性刺激，引起胃炎和胃消化机能障碍。

【病因】犬在相互争食或在训练、嬉戏时，将大块的食物或异物误咽而发生本病。机体维生素或微量元素缺乏，患有寄生虫病等，常发生异嗜现象，有咬食石块、金属、果核、塑料、橡胶等习惯。

【典型症状】常表现为急、慢性胃炎症状。异物为金属或锐性物体时，能严重地损伤胃黏膜，甚至导致胃穿孔，临床表现急性胃炎症状，如发病急、顽固性呕吐，呕吐物中可混有血液，食欲不振或废绝，呻吟不安等。若异物为骨块、石块、木块、果核、玩具等，临床上表现慢性胃炎症状，患犬表现间断性呕吐，食欲减退或废绝，进行性消瘦。

【诊断要点】应详细问诊以了解患犬是否有食入异物的可能性，再依据胃炎症状进行前腹部触诊检查，尤其检查幼犬或小型犬十分简便，表现为触摸胃区时呻吟、胃区有异物感。确诊本病的常用方法是进行常规X线摄片检查或胃镜检查（图67、图68）。

【防治措施】根据临床诊断结果确定治疗方案。保守治疗可灌服石蜡油、食用醋，让一些较小的异物（如小骨块、石块、果核等）通过肠道排出体外。保守治疗无效时，可施行胃切开术取出异物。术后可投服雷尼替丁、乐得胃片、丽珠得乐（枸橼酸铋钾颗粒）等，促进胃

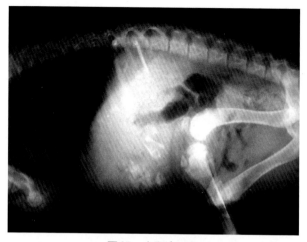

图67 犬胃内异物

X线摄片显示：胃内有不同大小的碎骨高密度阴影。（王拔萃）

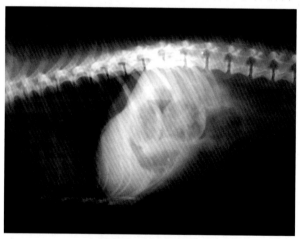

图68 犬胃内异物

X线摄片显示：胃内有3个清晰的球形物体，手术证实为弹性塑料球，直径约2.5厘米。（周方军）

黏膜损伤愈合。

针对犬的异嗜现象，可给犬改饲营养全面的食物，定时驱虫，外出牵遛时给其戴上口罩。

【诊疗注意事项】①尖锐物体可刺破胃壁引起腹膜炎，临床诊疗中应予以考虑。②制定手术方案时，须行腹部触诊或X线摄片检查，以确定异物是否仍在胃内或已进入肠道。③术后3天应限制饮食，由静脉补充体液和营养物质。

幽门窦肥大

幽门窦肥大又称为幽门狭窄，是指幽门环状平滑肌肥厚或/和幽门黏膜层增生引起的幽门部管腔梗阻性狭窄，临床上以持续性呕吐为特征。

【病因】确切的原因并不明确，一般认为本病可能与胃动力障碍、幽门痉挛、慢性胃内容物滞留及胃泌素分泌过多等有关。

【典型症状】根据发生时间可分为先天性和后天性两种类型。先天性幽门狭窄见于仔犬断奶后或开始饲喂固体食物时即出现呕吐，以短头品种犬多发。后天性幽门狭窄以采食后立即发生呕吐或数小时后发生呕吐多见，常呈渐进性发展。随着病程发展，患犬食欲减退、消瘦和体重减轻。

【诊断要点】患犬不发热，腹部触诊不敏感，胸、腹腔常规X线摄片不见异常。胃肠X线钡餐造影检查是诊断本病的常用方法，胃内容物正常排空时间约1小时，若内容物滞留5小时以上，表明幽门狭窄或痉挛（图69至图71）。

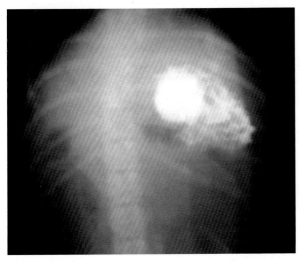

图69　犬幽门窦肥大

钡餐后1小时摄片显示：钡剂仍在胃内，没有后移。（陈志达、余秀芳）

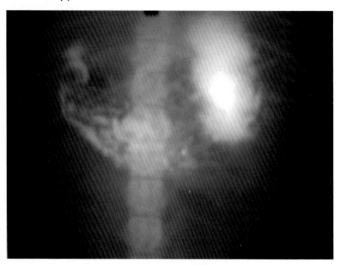

图70　犬幽门窦肥大

钡餐后2小时摄片显示：有少量钡剂进入小肠，胃内仍有多量钡剂。
（陈志达、余秀芳）

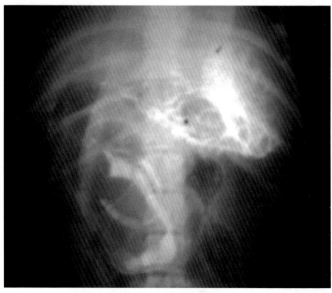

图71　犬幽门窦肥大

钡餐后10小时摄片显示：钡剂继续后移，胃内仍有约一半钡剂残留。
（陈志达、余秀芳）

【防治措施】实施幽门肌切开术是根治幽门窦肥大的有效方法，主要在幽门窦、幽门和十二指肠近心端作一较长的直线切口，小心地切开浆膜及纵行肌和环行肌纤维，使黏膜层膨出于切口之外，以扩大胃内容物的通道。术后应静脉补充体液与能量，24小时后饲喂少量流质食物，48小时后可饲喂易消化半固态的食物。

【诊疗注意事项】①注意区别幽门窦肥大引起的狭窄与幽门痉挛引起的狭窄，后者于餐前口服阿托品或氯丙嗪有效。②幽门肌切开手术后，仍应对犬采取少食多餐的饲养护理原则。

肠 梗 阻

　　肠梗阻是指肠腔内容物在肠道内的正常后移输送发生障碍，患犬以消化机能紊乱和腹痛为突出症状，通常以小肠梗阻发生最多。

【病因】犬吞食大块骨骼、果核、玉米芯、弹性玩具、塑料绳索、毛巾、丝袜等异物造成肠腔机械性阻塞，这与犬的习性及异嗜有关。某些疾病引起肠管蠕动机能失调，继而引起肠套叠也很常见。此外，肠管肿瘤、肉芽肿、嵌闭疝等也可引起本病。

【典型症状】病初体温、心率和呼吸多无异常，但精神沉郁，食欲废绝，频繁呕吐或大量饮水后立即呕吐。因频繁呕吐常导致机体脱水，患犬虚弱无力，心率及呼吸加快，通常可排出少量黑色带有黏液的糊状粪便。临床常见犬采食中吞入鱼钩或连线缝针，虽未造成肠腔完全梗阻，但其症状与肠梗阻相似。当患犬出现发热、腹壁紧张和白细胞增多时，可能发生了腹膜炎。

【诊断要点】依据患犬的体温、呕吐及粪便特点，应怀疑本病。腹部触诊是诊断本病的重要方法，触之梗阻肠管膨大、敏感，具有一定形状；套叠肠管如香肠状粗圆，手感质地坚实而不硬；梗阻或套叠部位的周围肠管气胀或空虚，不敏感。X线摄片检查是诊断肠梗阻的重要手段，容易观察到肠腔内的骨骼、缝针等高密度异物（图72），有特定形状的塑料或橡胶用品等较低密度异物（图73），以及肠管受腔内长条绳索或绷带等拉扯而皱缩所形成的特殊影像（图74）。临床多发犬吞食某些低密度异物如各类果核造成肠梗阻，X线常规摄片一般难以观察到异物，但通常显示肠管大量充气影像（图75），或需要投服钡剂造影获得可能发生肠梗阻的诊断（图76）。对于肠套叠的诊断，B超检查具有独特的优势（图77）。

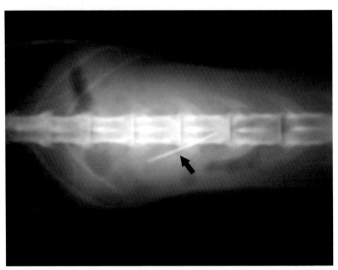

图72　犬肠内异物

X线摄片显示：腹腔内有高密度直针阴影。（周方军）

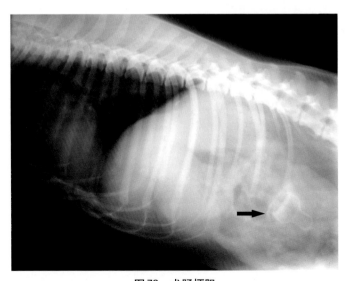

图73　犬肠梗阻

X线摄片显示：肠腔内有婴儿奶嘴影像。（周庆国）

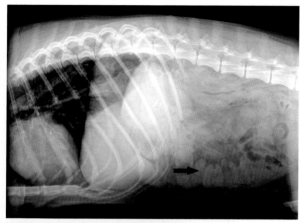

图74　犬肠梗阻

X线摄片显示：腹腔底部有肠管皱缩的特殊影像，提示肠管线性梗阻。（周庆国）

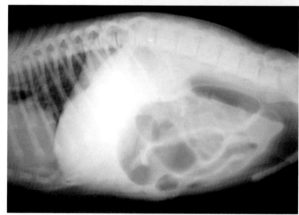

图75　犬肠梗阻

X线摄片显示：肠管大量充气，提示发生梗阻。（周庆国）

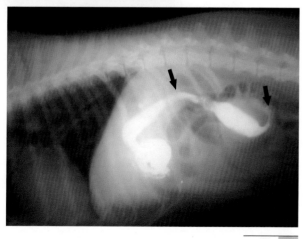

图76　犬肠梗阻

钡餐造影显示：造影剂后移困难，且引起局部肠管扩张，提示发生梗阻。（周方军）

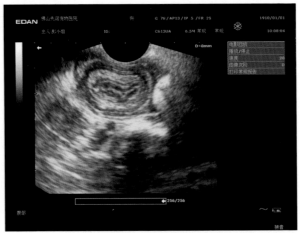

图77 犬肠套叠

B超声像图显示：肠腔横断面上有强弱回声交错排列，呈同心圆状，提示肠套叠。（黄湛然）

【**防治措施**】如果小肠为不尖锐异物引起的梗阻，可先投服适量的石蜡油或蓖麻油，同时使用石蜡油灌肠，以便于异物排出。用药一天后再次摄片观察异物存在部位，如果未见异物移动，应果断施行手术取出异物（图78、图79）。对于肠套叠应尽早施行手术整复，如套叠

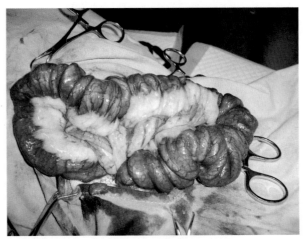

图78 犬肠梗阻

图74病例手术所见，从腹腔取出皱缩肠管。（周庆国）

肠管已经粘连、坏死，应施行肠管切除与吻合术（图80）。术后采取必要的营养支持与抗感染疗法，饮水中加入适当剂量的庆大霉素口服；3天后可选择法国皇家宠物肠道处方食品（GI30）饲喂2～3周，然后逐步饲喂日常食物。

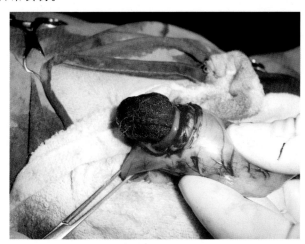

图79　犬肠梗阻

　　图74病例手术所见，寻找到梗阻物，切开肠壁发现梗阻物为妇女长筒丝袜。（周庆国）

图80　犬肠套叠

　　小肠发生套叠，套叠部呈香肠状外观，腹部触诊即为香肠状手感。（周庆国）

【诊疗注意事项】①肠套叠伴发肠脱出的病例多见，不能仅简单地整复脱出的肠管而忽略腹腔内的肠套叠。②腹部触诊可以检查出腹腔内的多种疾病，是缺乏X线机和B超仪等检查条件下的重要诊断手段。③及时确诊和抓住手术时机十分重要，若贻误病情造成机体衰竭，手术成功率往往降低。④术前应进行静脉输液，纠正脱水和调整电解质平衡，提高患犬对手术的耐受力。

便　秘

便秘是由于某些因素致使肠的蠕动机能减退，肠内容物不能及时后送而滞留于肠腔，水分进一步吸收，以结肠和直肠内停滞干硬粪便和排粪困难为特征。

【病因】多因摄入过多骨头、异物（砂石、毛发、纱织物等）或经常食入动物肝脏，在结肠内形成较大的硬粪块有关。其他疾病如前列腺肥大、肛门腺囊肿等对直肠或肛门造成挤压，容易引起便秘。腰椎骨折、腰荐神经损伤、会阴疝等可造成犬排便姿势或直肠位置发生改变，也常引起便秘。

【典型症状】患犬病初精神、食欲一般无明显异常，中后期可能出现食欲不振或废绝、肠臌气和腹围增大。患犬常有排粪动作，但排不出来，因疼痛而鸣叫、不安，有时呕吐。结肠便秘有时可见积粪性腹泻，粪便呈水样、褐色。行肛门指检时，可在直肠内触及干燥、坚硬的粪块。

【诊断要点】依据排粪困难的病史、临床症状、腹部触诊及肛门指检到肠道内干硬的粪块，容易确诊。常规X射线摄片检查对本病有重要诊断意义（图81、图82）。

【防治措施】原则上疏通肠管，促进排粪。对单纯便秘，可采用温水或2%小苏打水或温肥皂水灌肠，结合腹壁适度按压便秘粪块，治疗效果一般很好。直肠后段或肛门便秘时可用异物钳将干硬粪块逐步取出，为了安全和便于操作，可将患犬麻醉或镇静。对于严重的便秘或用上述方法治疗无效时，可施行腹腔手术切开肠壁取出肠腔粪结（图83），然后对异常扩张的肠管施行切除术或缩窄术。

【诊疗注意事项】①根据患犬体重及肠腔紧张度决定灌肠的液体

图81　犬便秘

　　X线摄片显示：结肠、直肠扩张，肠腔内有致密粪块阴影，周围肠管臌气。（周方军）

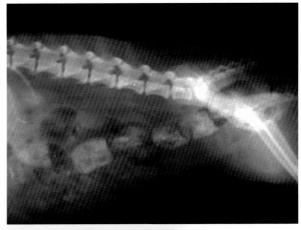

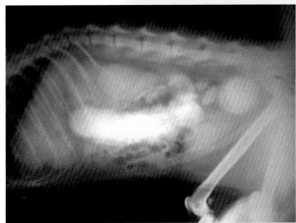

图82　犬便秘

　　X线摄片显示：结肠扩张，肠腔内有高密度、边缘粗糙的条状粪便阴影。（谢建蒙）

图83　犬便秘

　　手术显露和切开扩张的结肠，取出混有纱织物的条状粪便。（谢建蒙）

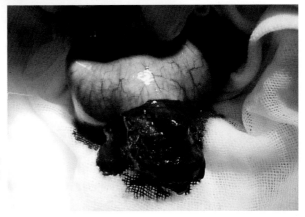

量。②对继发性便秘，在排除肠道积粪后应治疗原发病。③对于重度便秘和术后病例要采取必要的营养支持疗法。

直 肠 脱 出

直肠脱出为直肠的一部分或大部分经肛门向外翻转脱出，临床上以不安和反复努责为特征。

【病因】肠炎、肠套叠、腹泻和里急后重、直肠息肉或异物、便秘、直肠损伤、难产等是引起直肠脱出的常见原因。幼龄及老龄犬因肛门括约肌和直肠韧带松弛，故其发病率较高。

【典型症状】患犬肛门外暴露充血的直肠黏膜或肠管，不能自行缩回直肠内。刚脱出时，直肠黏膜呈红色，且有光泽（图84）。随着脱出时间延长，脱出的肠管变成暗红色或近于黑色，充血、水肿严重，可发展为溃疡和坏死（图85）。患犬多伴有不安、反复努责、摩擦肛门、精神不振、食欲减退和排出少量稀便。

【诊断要点】本病在临床上容易做出诊断，但应判断仅仅是直肠黏

图84　单纯性直肠黏膜脱出

刚脱出的直肠黏膜呈红色，且有光泽。（周庆国）

图85　伴有肠套叠的直肠脱出

肠管脱出时间久而严重瘀血，因受肠系膜牵拉而
扭转，形似腊肠状。（周庆国）

膜脱出，还是直肠脱出或是肠套叠性脱出。如为直肠黏膜脱出，脱出
物为小球状；如为直肠脱出或肠套叠性脱出，脱出物似腊肠样。单纯
性直肠脱出时，脱出物与肛门括约肌之间无间隙；而肠套叠性脱出时，
往往有间隙。

　　【防治措施】直肠脱出时间不长、水肿尚不严重时，可直接清洗后
还纳。如脱出时间较长或直肠高度水肿、不易还纳时，可用0.05％新
洁尔灭或0.05％高锰酸钾溶液清洗，而后用针头反复穿刺水肿的直肠
黏膜，并轻轻挤出黏膜中的液体，涂四环素软膏后轻轻还纳。为防止
再次脱出，可在肛门周围行荷包缝合，缝线保留4～7天。对于顽固性
直肠脱，可实施腹腔内直肠固定术或直肠切除术。

　　【诊疗注意事项】①将脱出直肠还纳体腔后，应进行直肠检查和腹
部触诊，以确保肠道完全通畅。②环绕肛门的荷包缝合要留一定缝隙
以便排粪。③对原发病进行治疗，有助于预防本病复发。④整复后给
予流质食物，每天适量口服石蜡油以润滑肠腔、减少努责。

肛门囊疾病

犬的肛门囊疾病临床上多发，可分为阻塞型、感染型及脓肿型，或是同一疾病的不同阶段。

【病因】病因仍不十分明确，但认为长期饲喂高脂食物、肛门囊腺体分泌过剩、肛门括约肌张力减退造成肛门囊液潴留和细菌感染，最终形成脓肿。

【典型症状】肛门囊阻塞时，患犬舔咬肛门部、追咬尾巴或以犬坐姿势在地上蹭擦肛门部位。肛门囊发炎时，肛门部红肿、疼痛，患犬拒绝触摸，并有灰色或褐色分泌物，气味难闻。当形成脓肿后常自发破溃，形成一个或多个窦道，流出红、褐色液体，严重的可形成蜂窝织炎（图86、图87）。

【诊断要点】通过观察临床症状基本能够确诊。为了解其程度和性质，可将戴乳胶手套的食指插入直肠，大拇指抵肛门囊处，两指挤压肛门囊，如囊内容物不易挤出或很浓稠，即为阻塞型；如挤出脓性或

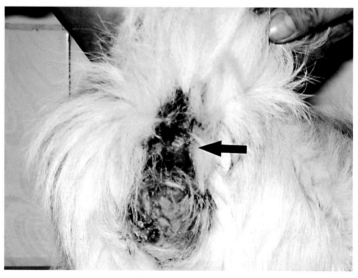

图86　犬肛门囊炎

肛门右侧肛门囊显著肿大，局部敏感。（周庆国）

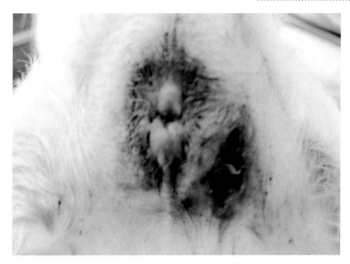

图87　犬肛门囊脓肿破溃

右侧肛门囊脓肿破溃后形成化脓性窦道。（周庆国）

血性内容物，即为感染型；如挤出较多脓汁，即为脓肿型。

【防治措施】对单纯的排泄管阻塞，可用挤压法排出囊内容物。若内容物硬实难以排出，可使用公猫导尿管插入，再用温生理盐水冲洗。对于感染型的肛门囊炎，应每天局部使用抗生素溶液清洗囊腔，同时全身应用抗生素控制感染，直至炎症消退。对于肛门囊脓肿，要谨慎选择切口切开排脓，之后按化脓创处理。

【诊疗注意事项】①对于破溃的肛门囊脓肿，其治疗需要细致和耐心的外科处理。②手术摘除肛门囊具有一定风险，可能导致暂时性或永久性大便失禁。

胰　腺　炎

胰腺炎可分为急性和慢性胰腺炎。急性胰腺炎是指胰腺及其周围组织被胰腺分泌的蛋白酶自身消化的病理过程，而慢性胰腺炎以胰腺纤维化和萎缩为特征。

【病因】胰腺炎没有特定病因。长期摄入低蛋白高脂肪食物的犬或肥胖犬多发，经常使用速尿、磺胺药、四环素、皮质类固醇类药物有可能诱发本病。此外，胆管疾病扩散、肿瘤、寄生虫移行、创伤或腹腔前部手术造成胰腺意外损伤等，则是本病的偶见原因。

【典型症状】

1. 急性胰腺炎　突然不安静，常表现"祈祷"姿势，触诊上腹部右侧疼痛；呕吐频繁，精神沉郁，呼吸急促，心跳加速，脱水和发热。

2. 慢性胰腺炎　长期的上腹部不适或疼痛，因消化不良而常见腹泻、腹胀和消瘦，当饲喂低脂肪易消化食物后症状可以改善。

【诊断要点】综合病史、临床检查、实验室检验及死后剖检结果对本病有重要的诊断意义（图88）。急性胰腺炎时白细胞总数增多，中性粒细胞比例增大，血清淀粉酶、脂肪酶、尿素氮指标升高。慢性胰腺炎时，可进行胰蛋白酶活性检验，也可使用X线照片消化试验法和明胶试管试验法。

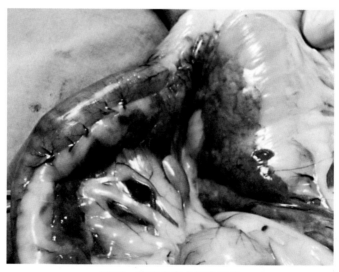

图88　胰腺炎患犬剖检所见

胰腺大面积充血，局部出血。（周庆国）

【防治措施】首先禁食、禁饮48～96小时，采取静脉输液（包括血浆）纠正脱水，减少胰腺分泌和胰腺水肿，维持体液和电解质平衡，防止休克的发生。常用胃复安、爱茂尔、氯丙嗪等镇吐，以减轻症状。为减轻腹部疼痛，可应用盐酸曲马多、痛立定等。对体温升高显著的患犬，可应用头孢菌素类控制感染。当呕吐停止1～2天后可先饮水，然后饲喂少量高碳水化合物类食物（禁止含有脂肪和蛋白质），再逐渐给予高碳水化合物和低脂肪类食物，并能长期维持。对出现的并发症如腹膜炎、败血症等，应给予积极的治疗。

【诊疗注意事项】①注意将本病与急性胃肠炎、肠梗阻、腹膜炎等相区别。②治疗中应根据血、尿检验结果评价疗效，并注意调整治疗方案。③在急性胰腺炎恢复期，建议饲喂法国皇家宠物低脂易消化处方食品（LF22），其低脂、低纤维特点有利于改善患犬的消化功能。④轻度的胰腺炎容易康复，严重的急性胰腺炎如出现呼吸困难、心律不齐、肾机能减退等并发症，往往预后不良。

感　冒

感冒是犬最多发的一种普通急性发热性疾病，以上呼吸道黏膜炎症、发热和浆液性鼻液为主要特征。

【病因】犬拴系状态下遭受风吹雨淋，或洗澡后未将被毛和皮肤及时吹干，即可导致上呼吸道黏膜防御机能下降，病毒感染或呼吸道常驻菌大量繁殖而引起本病。

【典型症状】突然发病，精神不振，食欲下降，呼吸加快，体温升高，但皮温不均，四肢末端和耳尖发凉；咳嗽、流浆液性鼻液为本病的突出表现（图89、图90）。随着病程发展，鼻端明显干燥，鼻液常转为脓性；有的患犬还见鼻黏膜糜烂或溃疡，鼻腔狭窄，呼吸困难。

【诊断要点】依据遭受寒冷刺激后突然发病，咳嗽、流鼻涕以及发热等全身症状可作出初步诊断；按照感冒治疗，疗效显著，可进一步证实诊断。

【防治措施】治疗采用解热、镇痛、抗病毒和抗菌疗法，如肌内注射安痛定或复方氨基比林，投服复方阿司匹林片；肌内注射利巴韦林、清开灵或口服抗病毒口服液等；为防止继发感染，适当应用氨苄青霉素、头孢菌素或口服阿莫西林颗粒等。

加强饲养管理，尤其在气温突然变得寒冷时，要加强防寒保暖工作。

【诊疗注意事项】①本病与犬副流感、犬瘟热初期症状十分相似，根据临床症状不易鉴别。②感冒虽然有明确的病因，但不少患犬常因

图89 感冒患犬

两侧鼻孔均见浆液性鼻液。(王洛来)

图90 感冒患犬

精神沉郁，鼻端干燥，有浆液性鼻液。(王洛来)

抵抗力下降而继发或伴发犬瘟热，所以在初步诊断感冒时最好同时采集患犬眼、鼻分泌物或尿液等进行犬瘟热检测，以避免误诊造成不良后果。

气管支气管炎

气管支气管炎是指气管、支气管黏膜表层和深层的炎症过程，临床上以咳嗽、气喘和胸部听诊有啰音为主要特征。

【病因】动物受凉致机体抵抗力降低，感冒未得到有效的治疗或进一步发展，是引起本病的主要原因。吸入异物或刺激性气体，可引起气管支气管黏膜损伤而发炎；犬瘟热、犬副流感、犬2型腺病毒感染等传染病，或某些寄生虫如蛔虫、肺线虫、肺吸虫等感染，也常以本病为其症状之一。

【典型症状】

1. 急性气管支气管炎　病初为短的干咳和流浆液性鼻液，随着炎症加剧，咳嗽转为湿润且频繁，鼻液呈黏液性或脓性。当炎症波及细支气管时，出现体温升高、呼吸困难等全身症状。X线检查可见肺纹理较粗，但无肺组织炎灶阴影。

2. 慢性气管支气管炎　持久的咳嗽，尤其早晚、运动、受寒冷刺激后更加剧烈，而体温一般无明显变化。有时因气管狭窄和肺泡气肿，病犬运动过度时气喘，X线检查可见支气管阴影增重而延长（图91）。

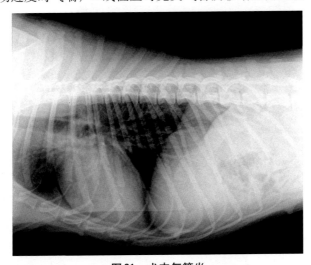

图91　犬支气管炎

X线摄片显示：肺纹理增粗，支气管周围密度增加。（蒋书东）

【诊断要点】依据病史、频繁咳嗽和胸部听诊有干、湿啰音及X线检查结果，可作出诊断。应当指出：对具有上述典型症状的患犬应当考虑是一般性疾病还是犬瘟热、犬副流感或犬2型腺病毒感染的症状，避免注重局部表现而忽略全身异常。

【防治措施】病初应使用有效抗生素和适量抗病毒药联合治疗，如氨苄青霉素、头孢菌素V或阿奇霉素等，配合应用利巴韦林、双黄连等。缓解气管痉挛可选用氨茶碱肌内注射或雾化给药（图92）。对气管极度敏感和咳嗽频繁的患犬，可行盐酸普鲁卡因气管内封闭疗法，加入适量的抗生素、扑尔敏等疗效显著（图93）。治疗期间，注意将

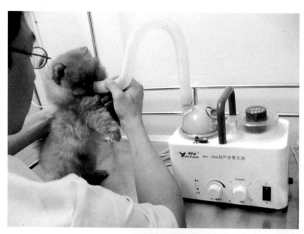

图92　使用雾化器治疗

（周庆国）

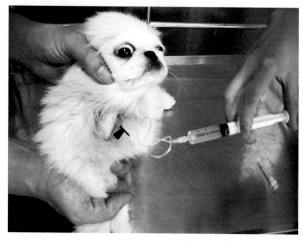

图93　气管内封闭疗法

（周庆国）

患犬置于安静、温暖、通风和清洁的环境中。

【预防措施】包括：①加强饲养管理，提高机体抗病力；②科学合理地进行疫苗接种和驱虫；③避免机械、化学等有害物质的刺激等。

【诊疗注意事项】① 注意与鼻炎、喉炎、肺炎等疾病进行鉴别。②怀疑临床症状与传染病或寄生虫病有关时，应尽可能做相关病原检测，并收集临床综合症候群分析和判断。③ 实施气管注射时，药液宜缓慢推入。

气 管 萎 陷

犬气管萎陷是指支撑气管的环型软骨变扁平或气管内膜增厚，使气管通气不畅所引发的一类呼吸道疾病，一般认为此病属于一种先天性疾病，多见于小型犬种如约克夏犬、博美犬、迷你贵宾犬、狮子犬、吉娃娃犬等。

【病因】一般认为与先天性发育有关，遗传性因素、营养性因素、变态反应性因素等，都有可能引起气管内径狭窄，气管环失去维持气管正常形状的能力，以至于影响犬正常通气。

【典型症状】由于本病主要为先天性，所以患犬幼龄即可表现通气不良和咳嗽的症状，尤其在兴奋、运动、采食、饮水或伸长脖子时，咳嗽可加剧。气管严重萎陷的患犬，可视黏膜容易发绀，气管极为敏感，轻微触诊便引起咳嗽和气喘。

【诊断要点】侧位X线摄片检查容易观察到气管萎陷，萎陷处最常发生在第3颈椎之后，以第6颈椎至第2胸椎之间多发（图94）。如能进行X线透视检查，则能观察到患犬吸气、呼气时气管萎陷处呈"气球"样改变，但宠物临床一般不具备良好的透视条件，很少采用透视检查法。如用支气管镜观察气管内腔，能够看清气道的动力学变化和气管萎陷的严重程度。

【防治措施】对于气管轻、中度萎陷的患犬，一般采用皮质类固醇、镇咳平喘药物保守治疗，如口服泼尼松或去炎松（曲安西龙）等，或配合使用丙酸倍氯米松气雾剂；也可以使用间羟舒喘灵（硫酸特布他林），该药有片剂、气雾剂和注射剂等剂型，使用比较方便。对于气管萎陷严重（Ⅳ级萎陷）的病例，国内有人采用将订制的钛合金自膨

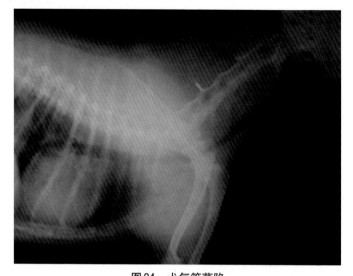

图94 犬气管萎陷

侧位X线摄片显示：颈胸部气管内腔变窄，伴有慢性支气管炎。（杨其清）

胀气管支架放置在患犬气管萎陷处的治疗方法，使患犬的咳嗽和呼吸困难症状明显减轻或消失。放置支架前，利用数字化X线摄影软件准确测量气管内径及需要放置的支架长度，然后对患犬进行麻醉，在数字化X线机观察下完成放置过程。

【诊疗注意事项】①本病发生率与肥胖相关，应控制肥胖或减肥以改善呼吸机能。②注意消除诱发咳嗽的刺激因素，避免患犬过度兴奋和紧张。

肺　炎

肺炎是指细支气管、肺泡和肺间质的急性或慢性炎症，患犬以发热、缺氧、呼吸困难等为主要症状。

【病因】引起肺炎的病因很多，但主要是病原微生物如细菌、霉菌或病毒感染，临床上常见肺炎作为传染病（如犬瘟热）或非传染病的并发症而出现。某些寄生虫如肺毛细线虫、犬类丝虫、弓形虫等感染，也能引起肺组织损伤或支气管肺炎。

【**典型症状**】

1. 支气管肺炎　病初可见咳嗽及流水样或黏液性鼻液，炎症发展到肺泡后全身症状严重，患犬体温升高，精神沉郁，食欲废绝，头颈伸展，呼吸浅表，腹式呼吸明显。

2. 纤维素性肺炎　病初体温升高40℃以上，呼吸频率加快，进行性呼吸困难（图95），不同程度的缺氧，可视黏膜发绀（图96），有时出现脓性或铁锈色鼻液。

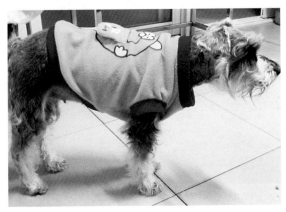

图95　肺炎患犬临床表现

头颈伸展，气喘，精神沉郁。（周庆国）

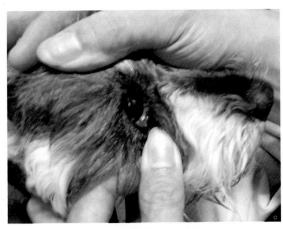

图96　肺炎患犬临床表现

严重缺氧，结膜发绀。（周庆国）

【诊断要点】肺炎通常是气管支气管炎症蔓延的结果，临床多见支气管肺炎。根据临床症状和X线检查发现肺部有典型炎灶阴影，可以做出诊断。支气管肺炎的X线摄片影像为肺纹理增重，伴有小片状或云絮状阴影（图97、图98）。纤维素性肺炎的X线摄片影像为广泛的较高密度的阴影（图99、图100）。

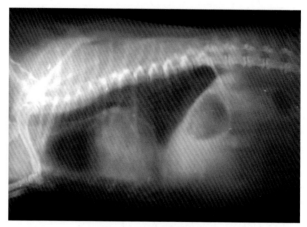

图97　犬支气管肺炎

X线摄片显示：心胸、心膈和椎膈三角区内均有云絮状阴影，提示肺部有较广泛的渗出性病变。（周方军）

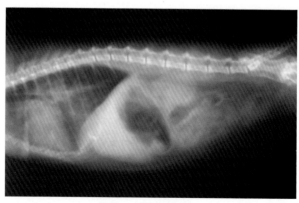

图98　犬支气管肺炎

X线摄片显示：心膈三角区内有较高密度的云絮状阴影，提示肺部有较严重的渗出性病变。（周方军）

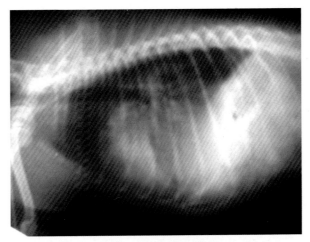

图99 犬纤维素性肺炎

　　X线摄片显示：肺野中、下部及心膈三角区内有大片浓密阴影，心脏轮廓与心膈角不能显现，提示肺炎为肝变期。（周方军）

图100 犬纤维素性肺炎

　　剖检病犬所见：肺叶广泛性充血，左前叶前部、后部肝变明显，与图99的X线影像显示一致。（周方军）

　　【防治措施】治疗重点是抗菌消炎，止咳平喘，制止渗出和促进炎性产物吸收和排除。抗菌消炎、止咳平喘可参考气管支气管炎的治疗方法。为减少急性渗出，可用10%葡萄糖酸钙、氢化可的松或地塞米松、维生素C等。为促进支气管与肺泡渗出物吸收，配合应用10%安钠咖和速尿等。临床实践证明，对于本病的治疗需要采取静脉途径给药、气管内注射和雾化治疗等综合治疗方法，方能提高疗效。

【诊疗注意事项】①采集患犬血液进行白细胞总数及分类计数，有助于分析病原和提高治疗效果。②听诊和叩诊方法对本病的诊断作用与经验有关。③将胸部X线检查作为诊断本病的重要手段，容易将本病与支气管炎、肺气肿、肺水肿、胸膜炎等疾病区别开来。

肺 水 肿

肺水肿是指血液液体成分渗漏到肺泡、支气管及间质内的一种非炎性疾病，一般包括肺泡性肺水肿和间质性肺水肿，临床上以患犬极度呼吸困难、流泡沫样鼻液为特征。

【病因】左心功能不全、肺静脉阻塞、输血或输液过量等致肺毛细血管内压升高；中毒、免疫反应、休克等使肺泡毛细血管通透性增加；多种原因引起的低蛋白血症；均可导致血液中液体漏出而引起本病。

【典型症状】突然发生急性呼吸困难，以头颈伸展，鼻翼扇动和张口呼吸为突出症状，同时表现眼球突出、结膜发绀、静脉怒张等，从鼻孔或口中流出大量水样或粉红色泡沫状鼻液。肺部听诊肺泡呼吸音减弱，出现广泛性的捻发音或湿啰音。

【诊断要点】胸部X线检查是诊断本病的有效方法，其中肺泡性肺水肿可见腺泡状增密的肺泡阴影，常相互融合而成片状不规则的模糊阴影，可位于一侧或两侧肺野的任何部位。如果水肿范围广，则阴影往往显示为均匀密实（图101）。

【防治措施】积极治疗原发病，保持患犬安静，减轻心脏负担。首先对患犬采取输氧疗法，并肌肉注射氨茶碱以缓解呼吸困难症状。为控制肺血管渗出，可用10%葡萄糖酸钙、维生素C和地塞米松。对心力减弱的患犬，可肌内或皮下注射10%安钠咖或去乙酰毛花丙苷。此外，采用20%～30%酒精进行超声雾化治疗5～10分钟，也有明显改善呼吸的效果。

【诊疗注意事项】①本病发病迅速，可危及生命，须及时抢救。

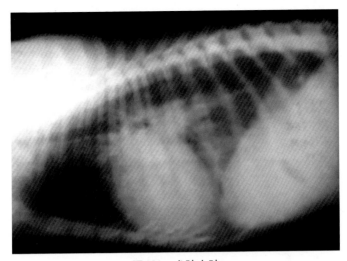

图101 犬肺水肿

X线摄片显示：肺门周围与椎膈三角区内阴影比较模糊，与心胸三角区相比密度增大。（谢富强）

②本病无发热表现，与肺气肿相似，但肺气肿常出现肋骨弓喘线和颈、肩部皮下气肿，而本病常表现特征性泡沫状鼻液，并且两者的X线影像具有显著的区别。

肺 气 肿

肺气肿是指肺脏因含气增多而致体积膨胀，一般包括肺泡性气肿和间质性气肿，患犬以呼吸困难、体温正常和X线检查肺部透光率增高等为特征。

【病因】因剧烈运动、强烈呼吸或咳嗽所致，尤以老龄犬肺泡壁弹性降低而易发生。也见继发于慢性支气管炎、支气管狭窄和阻塞、气胸时的持续咳嗽等，因通气障碍而发生本病。

【典型症状】主要表现呼吸困难，剧烈的气喘和张口呼吸，可视黏膜发绀，易于疲劳，而体温一般正常。听诊肺区肺泡音减弱并伴有干、湿啰音。叩诊呈过清音，叩诊界后移。间质性肺气肿有时还伴有肩、背部皮下气肿。

【诊断要点】依据临床症状、肺部听诊及叩诊变化，可初步诊断本病。确诊最好进行X线检查，本病的X线摄片影像为肺部异常透明，支气管影像模糊，膈肌及膈穹窿显著后移等（图102）。

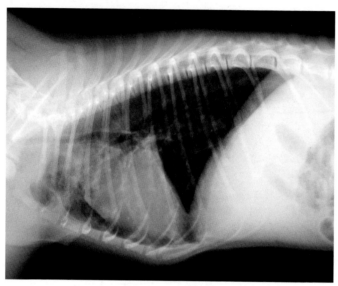

图102 犬肺气肿

X线摄片显示：整个肺区异常透明，密度降低，支气管影像模糊。（杨德吉）

【防治措施】治疗原则为祛除病因，积极治疗原发病，改善肺的通气和换气功能，控制心力衰竭。首先将患犬置于安静、通风、温湿度适宜的地方，积极采取低浓度吸氧方法，以缓解患犬呼吸困难和改善呼吸，同时可肌内注射或雾化吸入支气管扩张药，如硫酸阿托品、氨茶碱、异丙肾上腺素等，以提高治疗效果。

【诊疗注意事项】本病应注意与肺炎、胸膜炎、肺水肿等表现呼吸困难的几种病区别开，其中肺炎和胸膜炎体温常显著升高，而肺气肿和肺水肿体温一般无变化；肺气肿没有鼻液，而肺水肿常有大量的水样或粉红色泡沫状鼻液。

肾 结 石

　　肾结石是指肾脏中出现无机盐或有机盐类结晶的凝结物，引起肾脏出血、炎症和排尿异常的一种疾病，其中以在肾脏内形成磷酸铵镁结石（鸟粪石）最为多见。

　　【病因】①遗传缺陷，如迷你雪纳瑞犬有家族倾向；②饮食习惯，如食物中蛋白质的量超过机体日常所需可导致尿素增多；③尿路感染，如产脲酶的葡萄球菌、变形杆菌可诱导尿液中磷酸铵镁呈过饱和状态；④饮水不足，不利于排除尿液中成石物质过饱和而形成的结晶。

　　【典型症状】主要以血尿、尿频及尿淋漓为特征，患犬行走缓慢，肾区压迫检查有痛感。尿液检查呈典型的炎性特征，如蛋白尿、脓尿、血尿和上皮细胞增多等。病情严重的，因排尿障碍可出现肾后性氮血症。

　　【诊断要点】①进行常规X线或B型超声检查，以确定结石部位、数量、密度、大小和形状，本病以肾盂结石多见（图103至图106）；②尿液pH检测有助于判断结石性质，一般形成磷酸铵镁和磷酸钙结石

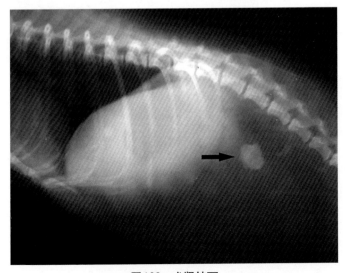

图103　犬肾结石

X线摄片显示：肾脏内有一高密度结石阴影。（周方军）

图104　犬肾结石

解剖肾脏所见：左肾肾盂内有一大块结石和较多细粒状结石。（周方军）

图105　犬肾盂小结石

B超声像图显示：肾脏结构稍显模糊，一端肾盂部分有两颗较大的结石阴影。（黄湛然）

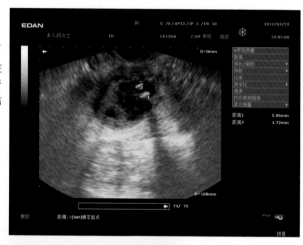

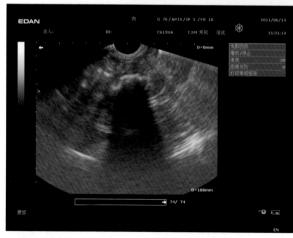

图106　犬肾盂大结石

B超声像图显示：整个肾盂被一颗大的结石塞住形成扇形的声影，肾脏远场的结构完全不可见。（黄湛然）

的尿液偏碱性，而形成尿酸铵、尿酸钠、尿酸、草酸钙、胱氨酸和硅酸盐结石的尿液偏酸性；③镜检新鲜温热尿样本中的结晶形态，可初步判断结石的矿物质组成。

【防治措施】按照排除结石为主、对症治疗为辅的治疗原则，对结石体积较大且造成排尿受阻的患犬，应尽快地施行肾脏切开术，取出结石和疏通尿路，同时应用氨苄青霉素等控制尿路感染；对尚未引起排尿障碍和肾衰的磷酸铵镁结石（鸟粪石）患犬，可试用食物溶解疗法，即在控制和彻底根除尿路感染的基础上，连续饲喂法国皇家宠物下泌尿道处方食品，其低蛋白、低镁、低磷和使尿液酸化的特点能促使鸟粪石溶解，并预防鸟粪石和草酸钙尿结石复发。乙酰异羟肟酸胶囊（商品明：菌石通）具有弱酸性，可使鸟粪石逐渐溶解、缩小、消失，并有一定的抗菌活性，可试用于患犬，每次1～2粒，每天3～4次，连续使用。

【诊疗注意事项】①本病须与外伤性肾损伤、肾肿瘤、肾盂肾炎、营养不良性或代谢性肾萎缩鉴别诊断。②对结石已引起慢性肾衰的患犬，在排除结石后推荐饲喂法国皇家宠物肾脏处方食品（FR16）。③每月做一次X线或B超检查、测定血清尿素氮和肌酐水平，评价肾结石有无缩小及肾功能有无改善。④在X线或B超检查不能观察到结石后，还应持续饲喂处方食品至少1个月，以防止很快复发。

膀 胱 结 石

膀胱结石是指膀胱中出现无机盐或有机盐类结晶的凝结物，引起膀胱出血、炎症和排尿障碍的一种疾病，犬多发磷酸铵镁结石。

【病因】主要与饮食单调或代谢紊乱、矿物质含量过高、尿路感染、尿液pH改变、长期饮水不足等有关。某些品种犬多发本病，存在着品种或遗传因素。

【典型症状】早期少量的小结石一般不引起临床症状，母犬常随尿液排出细粒状结石。当结石大或者多时，因刺激膀胱黏膜而引起膀胱炎，出现血尿和频尿、排尿困难、后腹部膨胀、膀胱触诊敏感。如结石恰好堵塞膀胱尿道口，即引起尿闭。

【诊断要点】主要依据临床症状、X线检查、B超检查和尿液分析结果等进行诊断（图107至图110），同时应做血清生化检验，以便对肝、肾功能进行评估。

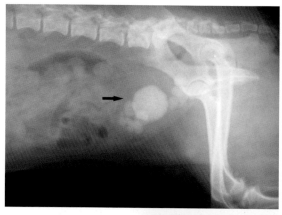

图107　犬膀胱结石

　　X线摄片显示：膀胱内有许多大小不等的结石。（王拔萃）

图108　犬膀胱结石

　　将结石从膀胱内取出，其形态属磷酸铵镁结石。（王拔萃）

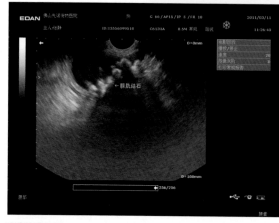

图109　犬膀胱结石

　　B超声像图显示：膀胱内有多量较小结石堆积成的浪花状强回声影像，后面有很长的扇形声影。（黄湛然）

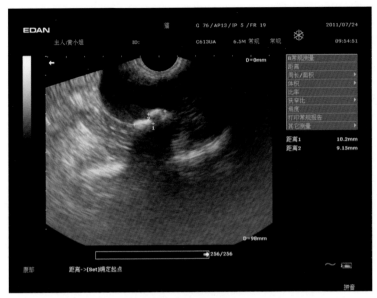

图110　犬膀胱结石

B超声像图显示：膀胱内有两颗稍大的结石形成的强回声影像，后面有很长的声影。（黄湛然）

【**防治措施**】包括手术移除、药物治疗和食物溶解等多种方法。当结石完全阻塞膀胱尿道口时，可经尿道外口插入导尿管解除阻塞，然后施行膀胱切开术取出结石，常规应用抗生素控制感染。对尚未引起阻塞的磷酸铵镁结石，也可在连续投服适宜抗生素的同时，饲喂法国皇家宠物下泌尿道处方食品5～12周，以促使结石溶解；配合投服脲酶抑制剂如乙酰异羟肟酸胶囊（商品明为菌石通）1～2粒，每天3～4次。同时应提供充足的饮水，通过增加排尿量以排出尿结晶或膀胱内的细小结石。

【**诊疗注意事项**】①在手术取出膀胱结石后，务必对尿道反复冲洗，确认尿道通畅。②最好进行尿液细菌培养和药敏试验，应用敏感的抗生素根除尿路感染是防止本病复发的重要措施之一。③宠物下泌尿道处方食品不宜给处于妊娠期、哺乳期、成长期及患有慢性肾衰、代谢性酸中毒、心力衰竭的犬饲喂。④如磷酸铵镁结石混有其他异源性成分，则食物溶解疗法的疗效可能降低。

尿 道 结 石

尿道结石是指尿道中出现无机盐或有机盐类结晶的凝结物，引起尿道出血、炎症和排尿障碍的一种疾病，其中以公犬多发磷酸铵镁结石。

【病因】通常膀胱内的小结石在排尿时进入膀胱颈和尿道引起堵塞。

【典型症状】尿道不完全阻塞时，患犬表现尿频、排尿疼痛、尿液呈断续状或点滴状排出，有时可排出血尿。尿道完全阻塞后，立即出现尿闭和膀胱膨胀，触摸下腹部极为敏感，容易引发膀胱破裂和尿毒症。

【诊断要点】依据典型的临床症状、尿道插入导尿管时受阻、常规X线检查和B超检查结果，容易作出诊断（图111至图114）。

【防治措施】一般先采取尿道插管逆向水冲击疗法，有时可以冲出大量小的结石。如不能完全解除尿道堵塞，就需要施行膀胱切开术或尿道切开术，取出结石和对症治疗。对于反复发生阻塞或尿道损伤较重的患犬，在切除阴囊后重建尿道口是最佳选择。

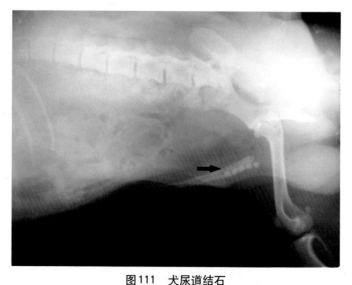

图111　犬尿道结石

X线摄片显示：阴茎骨下方有5个大小均一的球形结石（周方军）

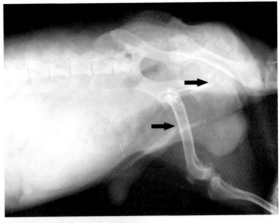

图112　犬尿道结石

　　X线摄片显示：尿道骨盆部和阴茎骨后方有串珠样排列的很多结石。（周庆国）

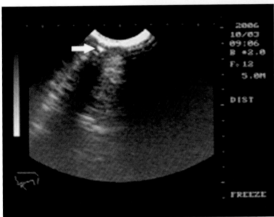

图113　犬尿道结石

　　B超声像图显示：尿道内见一强回声光点，其后有声影，提示尿道结石。（赖晓云）

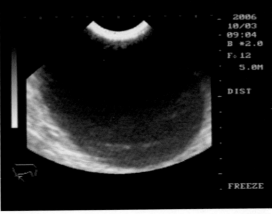

图114　犬尿道结石引起膀胱充盈

　　B超声像图显示：膀胱极度充盈（赖晓云）

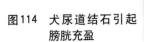

【诊疗注意事项】①依据X线检查和B超检查结果，容易将本病与尿道狭窄、尿道炎区别开。②尿道结石通常并发有不同程度的膀胱炎，术后应注意控制出血和炎症。

膀　胱　炎

膀胱炎是指膀胱黏膜或黏膜下层组织的炎症，临床以尿频和尿液浑浊、甚至血尿为特征。

【病因】细菌、真菌等病原菌经血行或尿道上行感染，膀胱结石、膀胱肿瘤、某些刺激性药物经泌尿道排泄、膀胱插管太硬等，均可对膀胱黏膜造成不良刺激引起炎症。

【典型症状】以血尿、频尿、尿液混浊、排尿疼痛不安为突出症状，常见患犬体温升高、精神沉郁、厌食、呕吐和腹水增多、后腹部触诊敏感等。

【诊断要点】①依据典型的临床异常可怀疑本病；②B超检查是诊断膀胱有无炎症或黏膜有无异常的常用方法，同时可对膀胱结石或肿瘤作出诊断（图115、图116）；③采集新鲜尿液镜检，如含有大量白

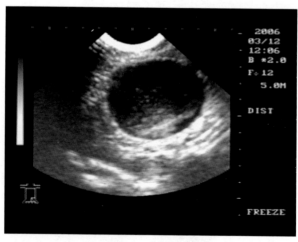

图115　犬膀胱炎

B超声像图显示：膀胱内见大量中等回声光点，有漂浮的絮状物，提示膀胱炎。（赖晓云）

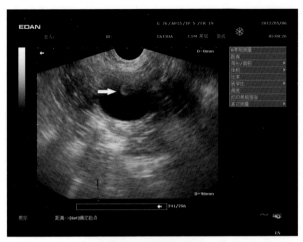

图116　犬膀胱息肉

B超声像图显示：膀胱壁上见较低密度回声光团，边缘整齐、固定，提示膀胱息肉。（黄湛然）

细胞、红细胞、膀胱上皮细胞及细菌，即可作出诊断。

　　【防治措施】直接进行膀胱冲洗是治疗本病的常用方法，经尿道插管排出膀胱积尿后，注入加温的0.1%利凡诺溶液、新洁而灭溶液或含有适量庆大霉素的生理盐水反复冲洗。膀胱出血严重的，可注入适当剂量的肾上腺素或去甲肾上腺素，同时肌内或静脉给予止血药。全身应用氨苄青霉素或头孢菌素类，以消除感染。如果膀胱出血因肿瘤增生而致，可施行膀胱部分切除术，然后密闭缝合膀胱壁，注意防止膀胱输尿管口损伤。

　　【诊疗注意事项】①最好进行尿液细菌培养和药敏试验，选择有效的抗生素治疗。②保证足够的抗生素治疗持续时间，并于停药后3～5天进行尿液培养，观察感染是否消除。

膀　胱　肿　瘤

　　犬的膀胱肿瘤临床上少见，主要为黏膜乳头状瘤或移行细胞癌，偶尔也见腺癌，或前列腺癌扩散到膀胱内。

【病因】病因不明，但长期接触化学致癌物如环磷酰胺、亚硝胺，工业致癌物如燃料、油漆、橡胶，膀胱受到长期的慢性刺激等，可能诱发肿瘤。

【典型症状】尿血，尿频，排尿困难，疼痛性尿淋漓，慢性周期性尿路感染。

【诊断要点】①后腹部或直肠触诊可能感知膀胱轮廓、质地和结构的变化；②X光造影检查或B超检查能够诊断出膀胱内的占位性病变（图117、图118）；③尿沉渣细胞学检查可以发现变形的膀胱上皮细胞增多；④手术切开膀胱可见膀胱壁组织局部或整体大量增生（图119、图120）。

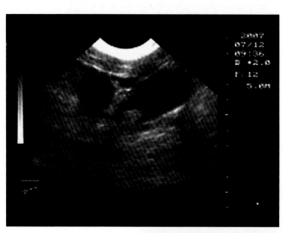

图117　犬膀胱肿瘤

　B超声像图显示：膀胱内见中等强度与膀胱壁连续的回声光团。（赖晓云）

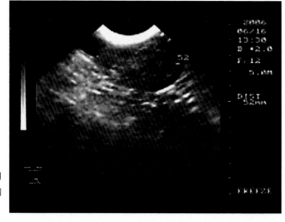

图118　犬膀胱肿瘤

　B超声像图显示：膀胱内见中等强度与膀胱壁连续的回声光团。（赖晓云）

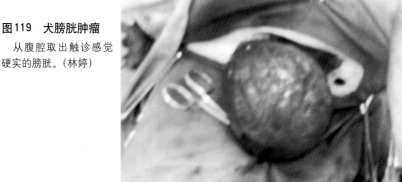

图119 犬膀胱肿瘤

从腹腔取出触诊感觉硬实的膀胱。（林婷）

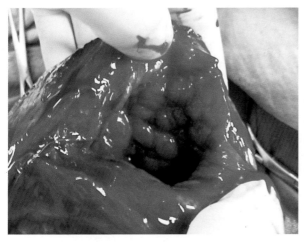

图120 犬膀胱肿瘤

膀胱壁显著增厚，黏膜发生癌变。（林婷）

【防治措施】对未侵袭尿道和膀胱三角区的肿瘤可以手术切除，其中良性肿瘤或完全切除的恶性肿瘤预后良好，但大多数癌细胞易扩散，远期预后不良，可以试用化疗控制症状。结肠代膀胱术适合于膀胱全切除的病例。

【诊疗注意事项】①本病与尿石症、膀胱炎症状非常相似，需要依据X光检查、B超检查及尿沉渣细胞学检查结果区别。②欲确定膀胱肿瘤的性质，需要进行病理组织学观察。

隐　睾　病

隐睾病是指公犬阴囊内缺少一个或两个睾丸。公犬出生后一段时期睾丸应下降至阴囊内，而患犬却有一个或两个睾丸位于腹股沟皮下或腹腔内。

【病因】病因不明，但有明显的遗传倾向性。据有关资料，部分纯种犬多发本病，发病率在0.8%～10%。

【典型症状】临床常见一侧隐睾，双侧隐睾少见。从患犬身后或将其仰卧保定观察，患侧阴囊塌陷、皮肤松软，阴囊健侧偏大，左右明显不对称。触之患侧空虚，在阴茎旁或腹股沟皮下多能触摸到异位睾丸。

【诊断要点】阴囊触诊是确定本病的简单方法。如在阴茎旁或腹股沟皮下难以触摸到异位睾丸，可能睾丸体积太小或隐藏于腹腔内。

【防治措施】因患犬生精能力下降，所以常同时施行隐睾摘除术和去势术（图121、图122）。

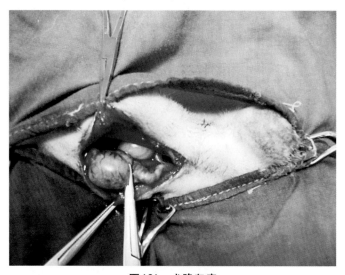

图121　犬隐睾病

手术切开腹股沟处皮肤，向下分离显露隐睾。（周庆国）

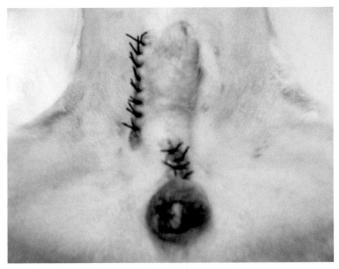

图122　犬隐睾病术后

摘除隐睾后，在阴囊前切开摘除另侧睾丸。（周庆国）

【诊疗注意事项】①部分品种犬睾丸的下降时间较晚，若6月龄时还未下降应视为本病。②注意将本病与腹股沟淋巴结肿大相区别。

睾　丸　炎

　　睾丸炎是指睾丸和附睾的炎症，临床发生较少。

　　【病因】主要是机械性损伤所致，犬之间打斗、撕咬是引起本病的常见原因。此外，犬布鲁氏菌感染也能引起本病。

　　【典型症状】一侧或双侧睾丸发炎，阴囊相应地表现一侧性或对称性增大（图123）；触摸患侧阴囊肿胀，睾丸体积增大、敏感疼痛。炎症严重的患犬，体温升高，精神沉郁，行走谨慎。

　　【诊断要点】阴囊触诊是确定本病的简单方法。B超检查见广泛的低回声或不均衡的混合回声带。

　　【防治措施】一般采取抗菌消炎的治疗方法。全身应用广谱抗生素如氨苄青霉素、头孢菌素等，配合应用皮质类固醇以减轻急性炎性反应。睾丸损伤严重的，应摘除睾丸。对刚发生的阴囊损伤，应及时地施行修补术。

图123　犬睾丸炎

患侧睾丸肿大、敏感疼痛。（周庆国）

【诊疗注意事项】急性睾丸炎治疗不及时，可发展为慢性炎症，睾丸体积缩小、硬固，失去生殖能力，应给予高度重视。

精　索　炎

精索炎是指精索、甚或波及附睾的炎症，临床发生较少。

【病因】不十分清楚，机械性损伤可能是致病因素之一。

【典型症状】一侧精索发炎，患侧腹股沟处隆肿，患侧阴囊可能相应地增大；触摸患侧腹股沟隆起处或附睾敏感、疼痛；患犬不愿活动，行走谨慎。

【诊断要点】触摸患侧腹股沟隆起处，感觉肿胀较为松软、有弹性。手术发现患侧精索与附睾充血、肿胀（图124）。

【防治措施】首先采取抗菌消炎的治疗方法，对于急性炎症可全身应用氨苄青霉素、头孢菌素等，配合应用皮质类固醇以减轻肿胀和疼痛。药物疗效不佳时，可于腹股沟管内环处切除精索与睾丸。

【诊疗注意事项】注意将精索炎与腹股沟阴囊疝相区别，两种疾病都在腹股沟处出现隆肿，但前者肿胀轻微、触之敏感；后者通常隆起显著，可参看腹股沟阴囊疝图片。

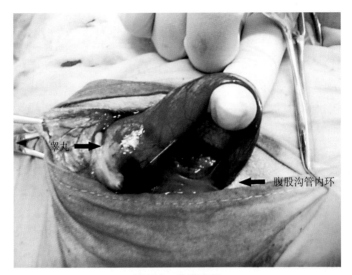

图124　犬精索炎
患侧精索显著充血、增粗。（周庆国）

前 列 腺 疾 病

　　犬的前列腺于性成熟前大部分位于骨盆腔内，性成熟后一般位于骨盆前口后方，4岁前后约一半以上位于腹腔，10岁以后则完全在腹腔。犬的前列腺疾病包括前列腺炎、前列腺脓肿、前列腺增生或肥大等，前列腺炎和前列腺脓肿是前列腺发生了细菌感染，而前列腺增生或肥大则是指前列腺细胞良性增多或体积增大。

　　【病因】前列腺炎或前列腺脓肿多是由于尿道上行感染，以大肠杆菌、变形杆菌、克雷白杆菌、链球菌或葡萄球菌感染为主。前列腺增生或肥大一般认为是由于体内雌、雄激素比例失调或雄激素分泌过剩而引起。

　　【典型症状】前列腺一旦发生异常（肿胀），因对尿道和直肠造成压迫，患犬首先表现里急后重，尿频或尿淋漓症状，有的患犬还表现排便困难。患前列腺炎的病例，同时可见体温升高、食欲减退、行走缓慢、血尿、尿液浑浊等症状。

【诊断要点】①依据临床症状，应对前列腺进行触诊检查，可在腹后部膀胱后方即骨盆前口附近触摸前列腺，或戴乳胶手套后将手指深入直肠内向下触摸前列腺。如触摸前列腺时患犬有敏感疼痛表现，多为前列腺感染；如触摸前列腺轮廓明显增大，且患犬并无明显疼痛表现，则为前列腺增生或肥大。②发生急性前列腺炎或前列腺脓肿时，血液常规检查白细胞总数和中性粒细胞数显著增多，转为慢性前列腺炎后，血液常规检查可能无明显变化。③B超检查是诊断前列腺疾病的常用方法，能清晰显示前列腺的轮廓大小（图125、图126）或有无囊肿（脓肿）。严重的慢性前列腺炎病例可见脓肿形成，前列腺增生或肥大病例可见囊肿形成，在B超引导下穿刺可对囊肿或脓肿作出诊断。④前列腺细胞数量增多引起的增生，或细胞体积增大引起的肥大，两者的临床症状和B超影像基本相同，只有进行病理组织学观察才能区别。

【防治措施】对于前列腺炎或前列腺脓肿的治疗，最好全身使用敏感抗生素，可肌内或静脉注射克林霉素，口服阿莫西林-克拉维酸钾。

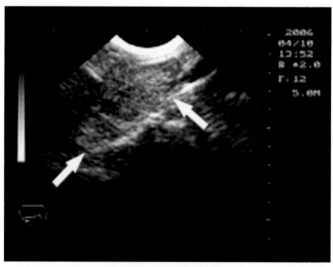

图125 犬前列腺增生

B超纵扫声像图显示：膀胱后方有一较均质中等回声的腺体结构，近似不规则卵圆形，结合症状提示前列腺增生。（赖晓云）

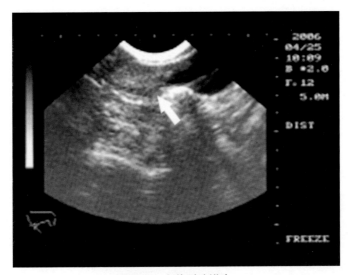

图126 犬前列腺增生

B超横扫声像图显示：膀胱后方的均质中等回声、有包膜的腺体结构。

（赖晓云）

对于前列腺脓肿，最好在B超引导下进行穿刺冲洗。对于前列腺增生或肥大的治疗，可口服醋酸甲地孕酮或醋酸甲羟孕酮，4~7周后临床症状消失；或口服非那司提每千克体重1～5毫克，每天2次，于6～9周后可出现明显疗效。当然施行去势术是很好的治疗方法，增生或肥大的前列腺将逐步变小。

【诊疗注意事项】泌尿系统疾病如肾炎、膀胱结石或膀胱炎、尿道结石或尿道炎等，多表现与前列腺疾病十分相似的症状，要特别注意鉴别诊断。

阴 道 增 生

阴道增生也称为阴道水肿，是指阴道腹侧壁黏膜水肿、增生肥大，以致阻塞阴道或向后脱垂于阴门外的一种常见疾病，多见于发情前期和发情期的年轻母犬。

【病因】阴道增生症与母犬发情期有关，因雌激素过度分泌所致。部分品种多发，可能与遗传有关。

【**典型症状**】母犬阴道腹侧壁黏膜水肿、肥厚，呈淡红色表面光滑、质地较硬的球状增生物阻塞于阴道内或脱至阴门处（图127、图128）。有的患犬阴道增生物充血或出血，严重的感染、化脓和溃烂。阴道壁肿胀、增生严重的或多次复发后，可呈环状突出于阴门外，即使发情期结束也难以完全退缩（图129）。

【**诊断要点**】依据临床症状即可做出诊断。增生物一般起源于阴道腹侧壁，位于尿道口前方，形态小的如圆球状，大的可成圆盘状脱出。

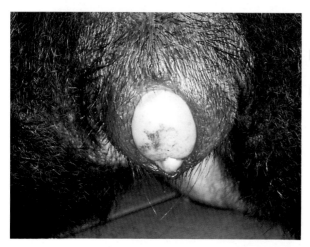

图127　犬阴道增生

阴道增生物阻塞于阴门。（周庆国）

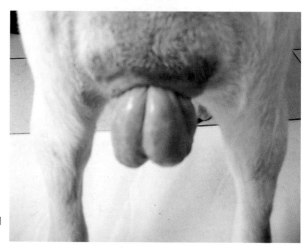

图128　犬阴道增生

阴道增生物脱至阴门外。（周庆国）

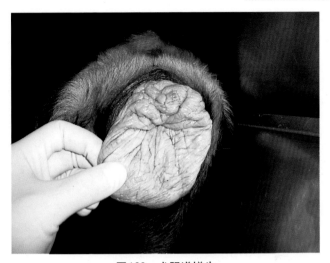

图129　犬阴道增生

脱至阴门外的增生物呈环状，质地较硬。（周庆国）

【防治措施】轻微的增生通常在发情期后不久即可消退，而过度增生的或损伤、感染的增生物一般需要手术切除（图130至 图132）。为预防术部感染，术后1周内每天用0.1%利凡诺溶液冲洗阴道。

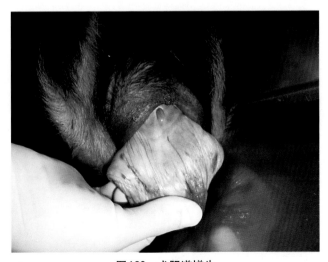

图130　犬阴道增生

患犬仰卧保定后显示尿道口。（周庆国）

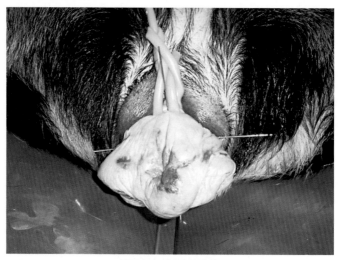

图131　犬阴道增生

在尿道口之后用两根骨科克氏针交叉穿过增生物，于克氏针前方结扎止血带，环形切除增生物。(周庆国)

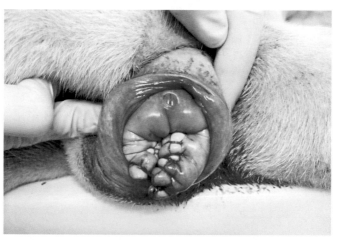

图132　犬阴道增生

对图128中的患犬阴道增生物切除后，用肠线对创缘行螺旋缝合。(周庆国)

【诊疗注意事项】①注意与阴道肿瘤、阴道脱出或子宫脱出相区别。②施行卵巢子宫切除术可以预防本病复发。

子 宫 蓄 脓

子宫蓄脓是指子宫腔中蓄积大量脓性或黏脓性液体，患犬以腹围逐渐增大、饮水及排尿显著增多为特征。

【病因】发情间期产生的孕酮促进子宫分泌物积聚和刺激子宫内膜增生；发情期雌激素使子宫颈口扩张，伴发病原菌（主要是大肠杆菌）感染，这些综合作用引起本病。

【典型症状】多发于母犬发情后期或产后，以腹部逐渐膨大、食欲减退、多饮多尿或呕吐为特征（图133），其中宫颈开放型可见阴道流出脓性或脓血性分泌物（图134），体温常有轻度升高；而宫颈闭锁型多无阴道分泌物，体温一般正常。

【诊断要点】未产过的母犬与4岁以上母犬的发病率较高，X线检查可见腹腔后部出现液体密度的管状结构（图135），B超检查可见管状液性暗区，腔内积聚浑浊液体（图136）血细胞三分类计数显示白细胞升高、红细胞与血红蛋白下降。

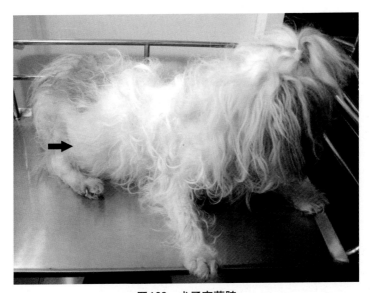

图133 犬子宫蓄脓

患犬腹部膨大，活动减少。（周庆国）

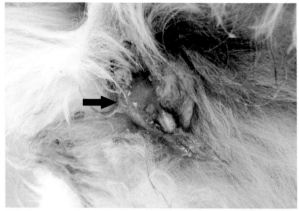

图134　犬子宫蓄脓

　　阴门有脓性分泌物流出，属宫颈开放型。（周庆国）

图135　犬子宫蓄脓

　　X线摄片显示：腹腔底部有膨胀的管状结构。（周庆国）

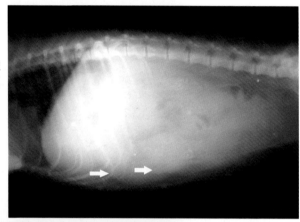

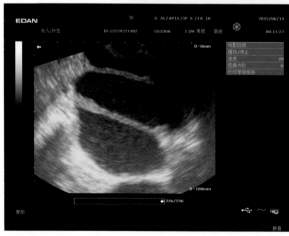

图136　犬子宫蓄脓

　　B超声像图显示：膀胱背侧膨胀的子宫角，腔内积聚着浑浊液体。（黄湛然）

【**防治措施**】卵巢、子宫全切除是本病的根治方法。有相当一部分患犬由于体质虚弱和贫血，不适宜立即手术，而需采取支持疗法，即适当地给予输液、输血，待机体体液、电解质失衡改善后再行手术。对于宫颈开放型子宫蓄脓，可用1%聚维酮碘或含适宜抗生素的生理盐水冲洗子宫，同时皮下注射前列腺素$F_{2\alpha}$或其类似物促进子宫收缩，有助于脓液排出，但不易根治（图137、图138）。

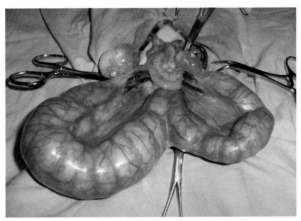

图137　犬子宫蓄脓

从腹腔内取出的蓄脓子宫，可见一侧子宫角体积有所缩小，为曾经保守治疗的结果，最终仍须施行卵巢、子宫全切除术。（周庆国）

图138　犬子宫蓄脓

蓄脓子宫通常积聚浑浊血性液体。（周庆国）

【诊疗注意事项】①注射前列腺素F$_{2\alpha}$后，可能引起气喘、不安、流涎、腹泻、瞳孔放大、呕吐、排尿和排便等表现，这些副作用将于给药30秒后发生并于1小时后消退。②采用药物保守治疗本病一般容易复发，应告知主人有很大的可能性。

转移性性器官肿瘤

转移性性器官肿瘤是一种主要侵害犬外生殖器的自发性肿瘤。本病在气候温热的地区（如广东）尤为多见，公、母犬均可发生，与品种无关。

【病因】肿瘤细胞来源不明，通过犬只之间的交配将肿瘤细胞转移，当肿瘤细胞接触健康犬损伤的外生殖器黏膜后即可植入生长。

【典型症状】公犬肿瘤生长于包皮下，位于龟头或在龟头球之前，小如绿豆，大如花椰菜样（图139、图140）。母犬肿瘤生长于阴道内，形态多如花椰菜样，可有多块生长。肿瘤色鲜红或暗红，质地脆弱，触之容易碎裂和出血，伴有恶心的腥臭味（图141）。

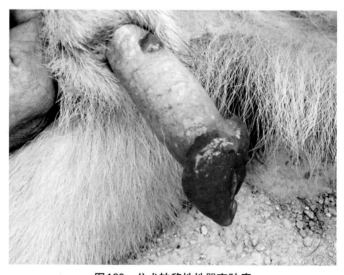

图139　公犬转移性性器官肿瘤

龟头前部、根部分别有肿瘤生长。（周庆国）

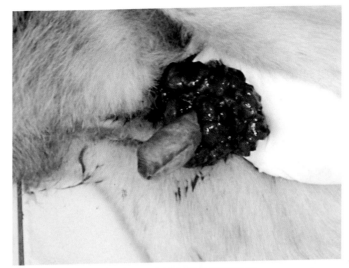

图140　公犬转移性性器官肿瘤

龟头根部肿瘤呈花椰菜样。（周庆国）

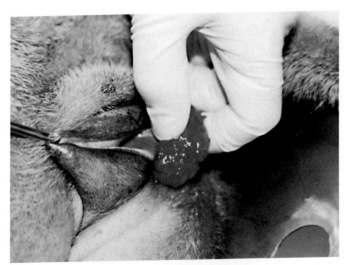

图141　母犬转移性性器官肿瘤

生长于阴道前庭的肿瘤呈花椰菜样。（周庆国）

【诊断要点】发现公犬或母犬外生殖器流血，或流出带血的分泌物，并伴有恶心的腥臭味，应进行检查。如发现有此形态的肿瘤，基本可以确诊。肿瘤细胞染色体分析能够准确地诊断本病，正常犬细胞染色体有78条，而肿瘤细胞染色体为（59±5）条。

【防治措施】常用的治疗方法是手术切除瘤块，采用可吸收缝线螺旋缝合黏膜创口（图142至 图144）。术后一般不需要应用抗生素，每天用0.1%利凡诺或新洁尔灭溶液冲洗阴道或包皮腔，连续5～7天即可。

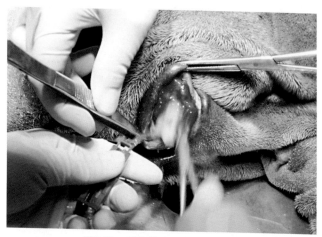

图142　母犬转移性性器官肿瘤

应用0.1%新洁尔灭溶液冲洗，准备手术切除。（周庆国）

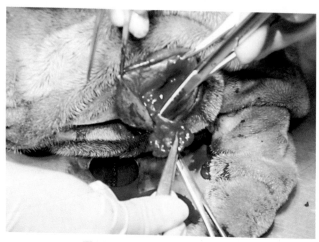

图143　母犬转移性性器官肿瘤

使用手术剪除去肿瘤比较方便。（周庆国）

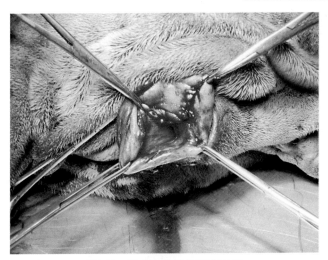

图144 母犬转移性性器官肿瘤
使用可吸收缝线螺旋缝合创口。（周庆国）

【诊疗注意事项】①切除肿瘤时应严格无菌操作，同时避免损伤尿道，更应防止将尿道口与周围组织缝在一起。②应用硫酸长春新碱治疗本病也非常有效，按每千克体重0.05毫克静脉注射，每周1次，注射2～3次即可使肿瘤萎缩至消失。

获得性瓣膜闭锁不全

获得性瓣膜闭锁不全是犬最常见的慢性心脏疾病，主要表现为心缩期的左心室血液逆流入左心房的病理现象。本病以中年至老年的小型犬多发，发病率随年龄增加而升高，且雄性多于雌性。

【病因】不很清楚。某些品种犬如骑士查理士王小猎犬、贵宾犬、吉娃娃犬、可卡犬和约克夏犬等较多发生，可能存在遗传特性。

【典型症状】在疾病早期，临床症状并不明显。随着疾病发展，可听到缩期心杂音和心律不齐，呼吸加深、加快及咳嗽，运动不耐受，严重时发生晕厥，偶发猝死。

【诊断要点】①X线检查常发现左心房及左心室扩张（图145、图146）、肺纹理增粗，心衰的患犬肺间质密度增加，可见非血管性线状

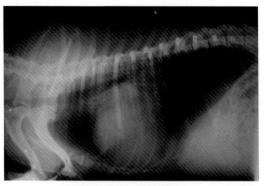

图145 犬二尖瓣闭锁不全

　　侧位X线摄片显示：气管向背侧抬高，气管和胸椎间夹角减小，心脏后背侧缘增大、变直，表明左心室扩张。（曹燕）

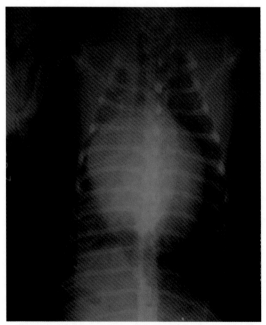

图146 犬二尖瓣闭锁不全

　　腹背位X线摄片显示：心影伸长，表明左心室扩张；心尖向右移位，与脊柱重叠，容易误认为右心室扩张。（曹燕）

纹理，或出现空气支气管征；②超声心动图显示瓣膜增大、增厚、形状不规则，出现腱索断裂或房室瓣脱入心房；③轻症患犬心电图常为正常窦性心律或窦性心律失常，病情严重时出现房性心律失常及房性期前收缩，心脏缺氧时引起室性心律失常（图147）。

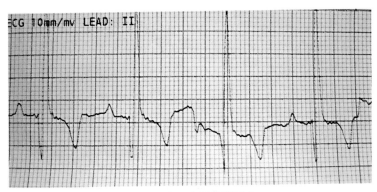

图147　犬二尖瓣闭锁不全

心电图显示：P波增高，R波增高，Q波降低，提示左心房、左心室扩张。（曹燕）

【防治措施】在胸部X线检查发现心源性肺水肿时就应进行治疗。在充血性心衰早期，可用血管紧张素转换酶抑制剂（ACEI），也可联合应用利尿剂如呋塞米。在出现心房纤颤或严重的室上性心律失常时，可应用洋地黄类药物纠正或缓解，必要时使用钙通道阻滞剂或β阻滞剂以增加心输出量，减轻心衰症状。在发生急性或严重的充血性心衰时，可及时输氧和使用硝酸甘油软膏，并配合以上药物联合治疗。

【诊疗注意事项】①应用洋地黄类药物时应注意避免发生中毒，及时或定期进行心电图及血药浓度监测。②对出现心力衰竭的患犬应限制钠摄入，若能饲喂法国皇家宠物心脏病处方食品（EC26）更好，有利于维持心肌细胞功能和增强心脏收缩性。

佝　偻　病

佝偻病是生长期的幼犬由于维生素D及钙、磷缺乏或食物中钙、磷比例失调所引发的一种骨营养不良性代谢病，以生长骨钙化作用不足、伴有持久性软骨肥大与骨骺增大为特征。

【病因】机体摄取的维生素D及钙、磷绝对量不足，如紫外线照射不足、摄入过多的钙或磷而致两者比例不当等，从而引起骨发育不良和变形。

【典型症状】以幼龄犬多见，两前肢弯曲呈O形，腕关节粗大，两后肢多呈八字形叉开站立（图148）；肋与肋软骨交界处有串珠状结节；严重时脊柱弯曲，面骨变形，行动障碍，卧地不起（图149）。患犬精

图148　犬佝偻病

两前肢弯曲变形，呈O形站立负重。（周庆国）

图149　犬佝偻病

前肢与脊柱弯曲明显。（刘芳）

神沉郁，被毛粗乱，生长发育停滞，食欲不振，有嗜食异物的表现。

【诊断要点】①血液检查显示：血清钙浓度正常或轻度降低；血清磷浓度正常、轻度降低（食物中磷不足）或轻度升高（食物中磷过剩）；血清碱性磷酸酶活性升高；②X线检查显示：骨质密度降低，桡骨、尺骨弯曲变形，其远端及肋骨胸端干骺端呈杯口状增宽，边缘不整，骺板增宽。

【防治措施】如主要食物含有动物肌肉、肝脏或其他脏器时，一般为高磷低钙现象，应以添加钙制剂为主，如葡萄糖酸钙、乳酸钙等；同时每天补充维生素D_3 50～100国际单位。

【诊疗注意事项】①如补充维生素D_3过剩，可引起肺或肾血管中钙盐沉积，禁止反复应用。②每天晒太阳30分钟以上较好。

高 脂 血 症

高脂血症是指血浆脂类浓度超过正常范围，一般包括高甘油三酯血症和高胆固醇血症，但以前者最为重要。临床上以肝脂肪浸润、血脂升高与血液外观异常为特征。

【病因】脂蛋白代谢异常，即脂蛋白合成增加或降解减少而引起。原发性高脂血症为机体自发所致，可能与家族遗传有关。继发性高脂血症因内分泌或代谢性疾病所引起，常见于胰腺炎、糖尿病、胆汁淤积、甲状腺机能减退、肾上腺皮质机能亢进、肾病综合征、高脂饮食等。

【典型症状】主要表现呕吐、腹泻及原因不明、位置不定的腹痛，患犬精神沉郁，营养不良，虚弱无力，有的烦躁不安或抽搐等。继发性高脂血症还因原发病性质不同，而表现相关的症状。

【诊断要点】进行血清浊度观察、测定血清甘油三酯及胆固醇浓度是诊断本病的常用方法。正常情况下血清为淡黄色，犬饥饿12小时后血浆或血清仍呈乳白色（图150、图151），或测定血清甘油三酯浓度超过1.65毫摩尔/升，胆固醇浓度超过7.8毫摩尔/升，即可作出诊断。同时，血清胆红素、总蛋白、白蛋白、钙、磷和血糖浓度假性升高，血清钠、钾、淀粉酶浓度假性降低。

【防治措施】改进饲养习惯和食物构成，以饲喂低脂肪食物为主，

图150 犬高脂血症

患犬血清呈雾状不透明。（潘丹丹）

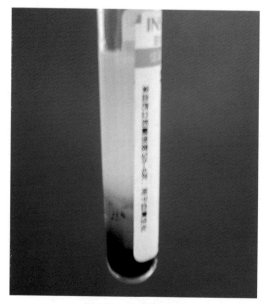

图151 犬高脂血症

在蓝色背景下患犬血清呈乳汁样。（潘丹丹）

如法国皇家宠物低脂易消化处方食品（LF22）或控制体重处方食品（DIABETIC30），前者具有低脂、低纤维及易消化特点，后者具有限制脂肪组织形成的作用。对于继发性高脂血症，应针对代谢紊乱的原发病进行治疗。

【诊疗注意事项】①注重对原发病的监测和治疗，是维持本病疗效的必要措施。②原发性高脂血症一般需要终身监测和治疗。

洋葱中毒

洋葱中毒是指犬食入含有洋葱的食物后，出现以溶血性贫血为特征的一种常见中毒性疾病。

【病因】洋葱的代谢产物N-丙基二硫化物能够降低红细胞内葡萄糖-6-磷酸脱氢酶的活性，损伤红细胞抗氧化能力，结果造成细胞膜稳定性下降而发生溶血性贫血。

【典型症状】犬采食洋葱后1～2天，依中毒程度可表现体温正常或降低，精神不振，食欲减退或废绝，不愿活动，黏膜黄疸，排出淡红色、深红色或红棕色尿液等。

【诊断要点】①血液常规检查：红细胞总数、血细胞压积、血红蛋白浓度下降，白细胞总数、网织红细胞和红细胞表面海恩茨小体总数增加，细胞沉淀后见血浆颜色发黄（图152）；②血液生化分析：血清

图152　洋葱中毒犬的血液

（刘芳）

总蛋白、天门冬氨酸氨基转移酶、总胆红素、直接胆红素、尿素氮和肌酐等浓度可能升高；③尿液物理性状检查：尿液呈混浊的暗红色，尿比重增加，含有大量红细胞碎片（图153）。

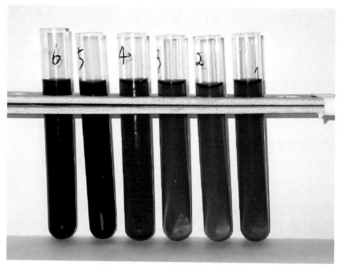

图153　洋葱中毒犬的尿液

(刘芳)

【防治措施】尚无特效的解救方法。中毒较轻的病犬大多可自然恢复，病情严重者可静脉滴注5%或10%葡萄糖溶液和复方氯化钠溶液、三磷酸腺苷、辅酶A、维生素C等，再注射速尿每千克体重1～2毫克，每天1次，连用2～3天。同时给予复合维生素B和维生素E制剂，有较好的辅助治疗效果。

【诊疗注意事项】①依据犬只有采食洋葱的食物史和红色尿液，容易作出诊断。②一旦发现患犬异常表现，要立即停止饲喂含洋葱的食物，防止病情加重。

巧克力中毒

巧克力中毒是指犬食入巧克力或含有巧克力的食品后而表现出的一种中毒性疾病。幼犬喜欢甜食，主人投给含有巧克力的甜味食品后可能引起本病。

【病因】巧克力中的咖啡因和可可碱含有大量黄嘌呤衍生物，有兴奋中枢神经和心肌的作用。犬可可碱的中毒剂量是每千克体重100～150毫克，摄入过多可可碱即可引起中毒。

【典型症状】犬食入巧克力几小时后表现倦怠、感觉过敏、肌肉抽搐、呼吸急促、心动过速、呕吐、排尿增加等；甚至出现高热，呈癫痫样或阵发性惊厥，最后陷入昏迷而死亡。

【诊断要点】依据主诉犬摄入巧克力的食物史和特征性临床症状，可以作出诊断（图154）。

图154　采食巧克力的犬

(刘芳)

【防治措施】尽量在摄入巧克力后4～6小时内进行治疗，采取催吐、洗胃、导泻等措施，以预防和减少毒物进一步吸收。对出现症状的患犬，采取对症治疗的方法。

平时避免将含有巧克力的食物喂犬。

【诊疗注意事项】巧克力的作用可持续12～36小时，应密切观察疗效和加强护理。

木糖醇中毒

木糖醇中毒是指犬食入含有木糖醇的食品后而表现出的一种中毒性疾病。

【病因】木糖醇能引起犬胰岛素大量分泌，降低血糖浓度，从而可引起一系列临床症状，严重者甚至死亡。含有木糖醇的食品主要有口香糖，犬摄入后可能引起本病。

【典型症状】犬食入木糖醇30分钟后可出现异常，常见精神抑郁、呕吐和低血糖（图155、图156）。临床因低血糖的程度不同，可见共济失调、虚弱和癫痫发作等。有些病例可出现继发性低血钾，严重的可能出现肝功能障碍症状。

【诊断要点】①依据主诉犬食入木糖醇的食物史和临床症状，可以作出诊断；②血液生化分析显示：肝酶活性升高，胆红素浓度升高，血糖降低，血磷升高；③某些犬还可伴有凝血时间延长、血小板减少等。

图155　木糖醇中毒犬

患犬精神抑郁、呆滞。（王姜维）

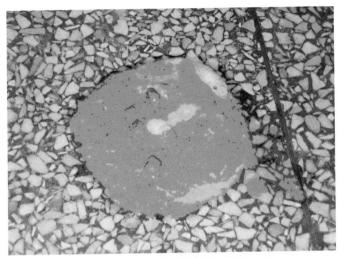

图156　木糖醇中毒犬呕吐物

（王姜维）

【**防治措施**】发现犬食入木糖醇食品后应立即催吐，之后于8～12小时勤喂少量食物，以防止低血糖发生。对于血糖监测呈明显降低的患犬，须恒速滴注50%葡萄糖溶液，同时添加氯化钾以防止出现低血钾。

【**诊疗注意事项**】①对低血糖犬最好监测机体状态，如每隔2～4小时检测一次血糖浓度，直至恢复正常。②并非所有犬摄入木糖醇都会引起中毒。③木糖醇引起低血糖的触发剂量尚未建立，但有报道每千克体重0.9毫克可引起低血糖。

脊 髓 损 伤

　　脊髓损伤是指外力作用引起脊髓组织的震荡、挫伤或慢性压迫性损伤，尤其以腰荐部脊髓损伤最为多见，临床以脊髓节段性运动及感觉障碍或排粪、排尿障碍为特征。

【**病因**】脊髓损伤的内因包括椎间盘突出和继发于肿瘤性、代谢性骨病的脊椎骨骨折；外因包括道路交通事故、高空跌落、人为打击或咬伤、枪伤等外伤性的脊椎骨折、脱位和半脱位。这些病因对脊髓的致伤作用有两种：一是致伤瞬间对脊髓或神经根的撞击和牵拉；另一种是对脊髓和神经根的持续压迫。

【典型症状】内因性脊髓损伤最常见椎间盘疾病。外因性脊髓损伤常伴有其他器官系统的损伤，如出血、休克、气道堵塞和肢体骨折等，患犬表现急性疼痛、轻瘫或麻痹，严重者四肢瘫痪、膀胱括约肌松弛与病灶后部位失去痛觉（图157、图158、图159）；如合并或继发其他疾病，可出现多样、复杂的相关症状。

【诊断要点】依据病因、病史、体格检查和相关的临床症状，对本病不难作出诊断。重要的是，应通过神经学检查确定脊髓损伤的部位和严重程度，进行整段脊柱的X线平片检查，必要时进行脊髓造影（图160至图162）；有条件时还可进行CT和MRI诊断。

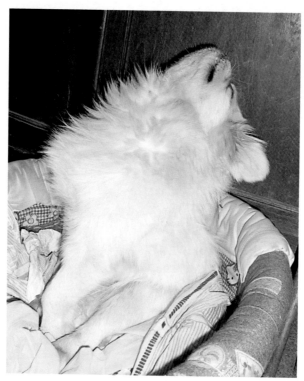

图157 犬脊髓损伤

6岁北京犬因车祸造成腰椎骨折，表现头颈后仰，双后肢瘫痪及深部痛觉消失。（叶晓敏）

图158　犬脊髓损伤

北京犬脊髓意外损伤，表现后肢瘫痪、痛觉丧失。（周方军）

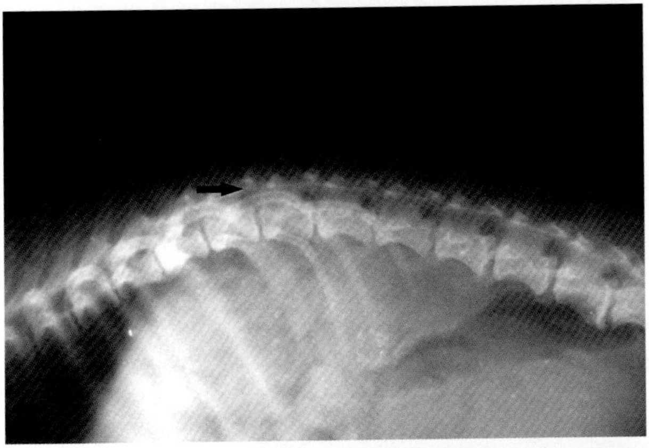

图159　犬脊髓损伤

X线摄片显示：T13～L1脊椎半脱位。（周方军）

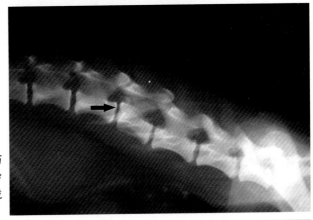

图160　犬脊髓损伤

X线摄片显示：3岁西施杂种犬因车祸造成L4骨折。（叶晓敏）

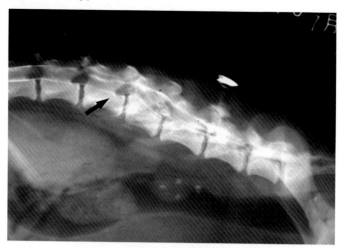

图161　犬脊髓损伤

脊髓造影显示：脊髓肿胀，受椎体压迫。（叶晓敏）

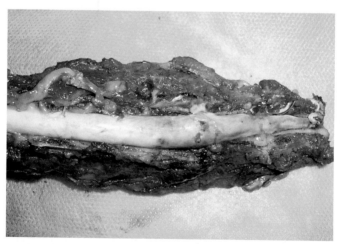

图162　犬脊髓损伤

对患犬施行安乐死，剖检显示L4处脊髓瘀血、肿胀。（叶晓敏）

【防治措施】本病的治疗原则是缓解水肿、控制髓内或髓外出血、解除脊髓压迫；对于脊髓骨折或脱位的病例，应移除骨片、重新排列和固定脊柱。药物治疗时选用糖皮质激素，如甲基泼尼松龙（在损伤最初 8 小时内静脉注射，剂量为每千克体重 30 毫克，首次给药 2 小时后改用每千克体重 15 毫克，之后 24 小时内每 6 小时用一次）。药物治疗无效时，可选用椎板切除术、硬膜切开术、脊髓切开术和脊柱固定术等手术疗法。

【诊疗注意事项】①防止诊疗过程中管理或搬运不当造成脊髓二次损伤。②长时间高剂量应用糖皮质激素会出现并发症，如胃肠出血、穿孔和胰腺炎等。③必须进行全面的神经学检查，特别要评估深部痛觉，以便做出准确预后。

椎间盘疾病

椎间盘疾病主要是指椎间盘突出症，是因椎间盘变性、纤维环破裂、髓核或纤维环向背侧突出压迫脊髓或神经根，引起疼痛和运动障碍。多发于 3～6 岁龄的犬。

【病因】椎间盘突出主要发生于颈椎、后段胸椎和腰椎，可分为Hansen Ⅰ 型和 Hansen Ⅱ 型。Ⅰ 型较严重，背侧纤维环完全断裂，髓核大量脱出进入椎管，常见于软骨营养障碍的犬种，如腊肠犬、比格犬、北京犬、西施犬、可卡犬等，且呈急性发作；Ⅱ 型为背侧纤维环未完全断裂，髓核部分突出或膨出，发病缓慢，多发生于年龄较大的非软骨营养障碍的犬种。

【典型症状】颈部椎间盘疾病最常见颈部疼痛和单侧或双侧前肢跛行。胸腰部椎间盘疾病症状明显，患犬胸腰部疼痛，表现拱腰、不愿活动、脊椎两侧肌肉及腹肌僵硬、单侧或双后肢跛行等，轻者共济失调，重者发生瘫痪，排尿排便失禁，深部痛觉消失（图163）。

【诊断要点】依据病史、体格检查、神经学检查、X 线平片检查、脊髓造影检查等，可以作出诊断（图164、图165），有条件者还可进行 CT 和 MRI 诊断。神经学检查可确定病变部位和损伤程度。X 线平片检查可见椎管内高密度团块、椎间隙变窄或呈楔形、椎间孔狭窄或形状异常及关节突的关节间隙变窄，其诊断的准确率只有68%～72%。脊髓造影可准确显示病变的位置，可见病变处的造影柱上抬或变细，甚至中断，其准确率可达86%～97%。

【防治措施】保守治疗一般仅用于发病初期或轻瘫的患犬，通常选

图163　犬椎间盘突出

　　3岁腊肠杂种犬椎间盘突出，表现拱腰、后肢行走摇摆。（叶晓敏）

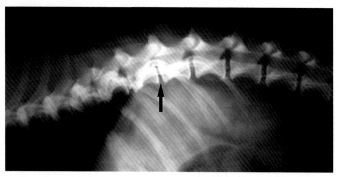

图164　犬椎间盘突出

X线摄片显示：T12～T13椎间隙狭窄，且多处椎间盘钙化。（叶晓敏）

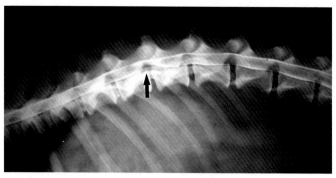

图165　犬椎间盘突出

　　脊髓造影显示：T12～T13处造影柱上抬变细，表明胸腰结合处椎间盘突出，注意椎间盘钙化处的造影柱正常。（叶晓敏）

用糖皮质激素如甲基泼尼松龙（同脊髓损伤），或配合激光、针灸等中医疗法（图166），并严格笼养和限制活动4～6周。当病情发展迅速、保守疗法无效或复发时，则应考虑手术治疗，包括开窗术和椎板切除术，最好在24小时内施行。

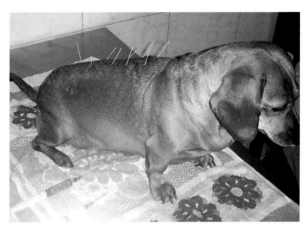

图166　犬椎间盘突出
对患犬进行针灸治疗。（郭宝发）

【诊疗注意事项】①建议采用小片盒分节段拍摄和准确摆位。②单纯的椎间盘钙化可能不表现明显的临床症状。③不推荐使用镇痛药、肌肉松弛剂和非甾体类抗炎药，以免动物活动加剧脊髓损伤。④单纯的保守疗法可能无效，且容易复发。

外周神经损伤

外周神经损伤是指外周神经遭受直接或间接外力的作用、或其他某些原因造成该神经所支配的区域功能减弱或丧失。临床上以四肢的臂神经丛、桡神经、坐骨神经损伤比较多见。

【病因】车辆碰撞、高空跌落、打击或挤压、神经干周围注射刺激性药物等，是引起外周神经钝性非开放性损伤的常见原因，表现为神经干、神经束或神经纤维受到震荡、挫伤、压迫或牵张，神经内发生小的溢血和水肿，髓鞘水肿和变性。外科手术不慎造成术野神经干损伤，也容易引起本病。

【**典型症状**】本病在临床上主要表现为神经麻痹，即局部感觉减弱或丧失，针刺皮肤的疼痛反应减弱或消失；受神经支配的肌、腱弛缓无力，丧失固定肢体和自主伸缩的能力，患肢可出现特征性姿势（图167至图171）；由于神经营养失调与患肢运动不足，相关的肌肉逐渐出现萎缩。

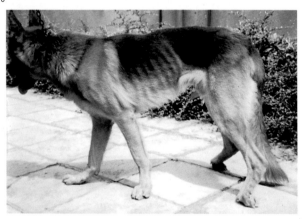

图167　犬坐骨神经损伤

患犬站立时两后肢膝关节伸展，趾关节屈曲，提示坐骨神经不全麻痹。（周方军）

图168　犬坐骨神经损伤

患犬左后肢髋关节手术不慎造成坐骨神经损伤，出现特征性姿势。（周方军）

图169 犬坐骨神经损伤

　　患犬右后肢受摩托车冲撞后发生坐骨神经损伤，趾关节屈曲。（周方军）

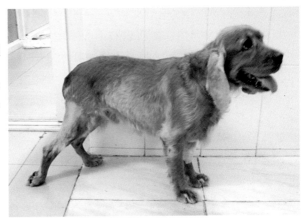

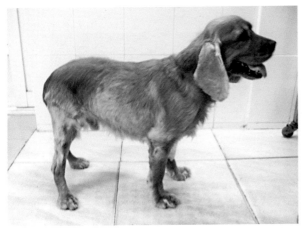

图170 犬坐骨神经损伤

　　将患肢趾关节放至正常位置，患肢可正常站立，提示坐骨神经不全麻痹。（周方军）

图171 犬坐骨神经损伤

　　患犬卧地后，患肢不能收回，反映肌、腱无自主伸缩能力，但针刺患肢末梢有轻微反射。（周方军）

【诊断要点】①依据患犬站立或行走中的异常姿势或步态，容易判断出是什么神经损伤；②对患肢不同节段进行针刺检查，观察患犬的疼痛反射，可以评价相关神经损伤及其恢复的可能性。

【防治措施】本病无特效治疗方法，可应用维生素B_1、维生素B_{12}等，以提供神经修复的营养需要；连续应用加兰地敏，以预防肌肉萎缩；局部按摩并配合红外线、电磁波等理疗，有助于改善局部营养和恢复神经传导。

【诊疗注意事项】①应根据患肢的跛行姿势，对神经根处或脊柱进行X线检查，以确定是否存在着脊柱、脊髓损伤（图172）。②患肢的特征性姿势是判断神经损伤部位的重要依据，对确定按摩或理疗部位有重要的指导。

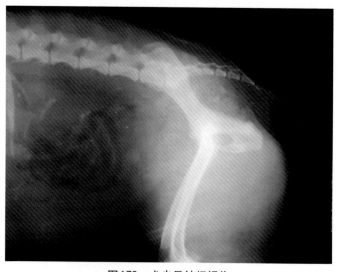

图172　犬坐骨神经损伤

X线摄片显示：患犬腰荐及后躯骨、关节结构正常，无并发损伤，提示预后较好。（周方军）

骨　折

骨折是指骨的完整性或连续性受到破坏，多伴有周围软组织不同程度的损伤。临床常见犬下颌骨骨折、椎体骨折、前肢或后肢骨折等。

【病因】车辆撞压、高处坠落、人为打击、踩踏或门挤等，是造成犬发生骨折的常见原因。也有少数患犬在奔跑中急停或扭闪，由于肌肉强烈收缩而造成骨折。

【典型症状】分为开放性骨折和闭合性骨折，临床多见后者。四肢发生骨折后，患肢立即呈重度跛行、不敢负重，骨折局部可能变形、肿胀，触之有骨断端的粗糙摩擦感或摩擦音，同时患犬因剧烈疼痛而嗷叫、不安。骨折发生1～2天后，因组织分解产物和血肿吸收，表现体温升高。开放性骨折若不及时治疗，很快发生化脓性感染，往往不得已而采取截肢处理。

【诊断要点】①依据患犬肢体变形、肿胀和重度跛行，可怀疑骨折；②触摸患肢可异常活动，且有骨摩擦音或骨摩擦感，即可确诊；③X线检查是诊断骨折的重要手段，尤其对于髋骨骨折和关节内骨折，能够准确鉴别骨折或关节脱位。

【防治措施】本病的治疗原则是整复、固定和功能锻炼，犬的骨折一般容易整复，而科学合理的固定则是治疗骨折的关键技术，固定不可靠将导致骨折难以愈合。一般来说，对于腕、跗关节以上的骨折，必须实施开放性整复与内固定手术，确保骨折断端达到准确复位和可靠固定。腕、跗关节以下的骨折，虽然可以采取闭合性整复与外固定，但内固定手术能达到准确复位与可靠固定，成功的手术有最佳疗效。目前，国内宠物临床采用的骨折内固定方法有髓内针固定法（图173、图174）、接骨板固定法（图175、图176）、克氏针固定法（图177、图178）、外固定支架固定法（图179、图180）和智能（记忆合金）接骨器固定法（图181、图182）等，而且联合应用这些技术治疗骨折取得了良好效果。具体操作须参加专业训练后方可进行。对骨折部固定1月后，应使患犬在一定范围内适量活动，有利于促进患肢功能恢复。

对于开放性骨折，要尽快使用消毒防腐液冲洗，完成骨折部位的整复、固定，并大剂量使用抗生素控制感染。

【诊疗注意事项】①在缺乏X线检查条件的情况下，要注意区别关节附近的骨折和关节脱位。②对于骨折部位施行闭合性整复与外固定时，要注意制动绷带松紧适宜，防止过松过紧。③骨折内固定材料一般在骨折愈合后6～12个月拆除。

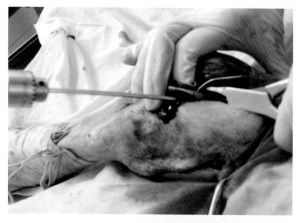

图173　骨折髓内针固定法

骨圆针是治疗小动物骨折的良好内固定材料，适用于长骨骨折，最多采用逆向进针法。（周庆国）

图174　骨折髓内针固定法

采用髓内针固定后的股骨。（周庆国）

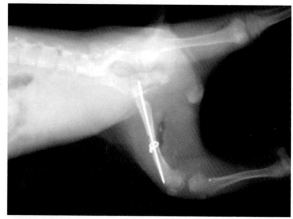

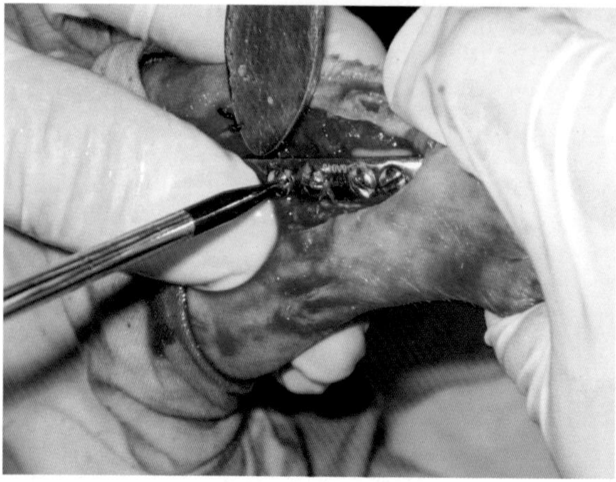

图175　骨折接骨板固定法

接骨板适用于治疗小动物骨盆、椎骨、长骨等的骨折，使用中组织损伤大，且材料成本高。（周庆国）

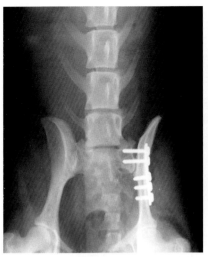

图176　骨折接骨板固定法

采用接骨板将髂骨翼与荐骨可靠固定。（钟德水）

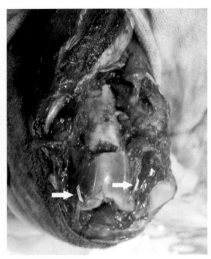

图177　骨折克氏针固定法

克氏针适用于治疗长骨远端或短骨的骨折，针过细固定不可靠，针太粗则折弯困难。（周庆国）

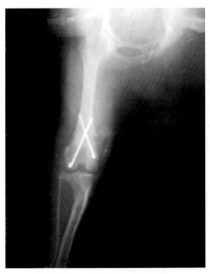

图178　骨折克氏针固定法

采用克氏针固定股骨远端骨折或骨骺分离。（周庆国）

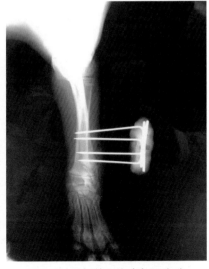

图179　骨折外固定支架固定法

外固定支架适用于治疗长骨骨折，尤其适用于软组织覆盖少的桡骨或胫骨骨折。（胡毓铭）

图180 骨折外固定支架固定法

采用外固定支架固定桡骨骨折后。（胡毓铭）

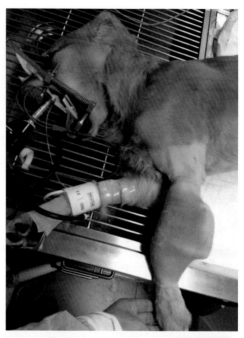

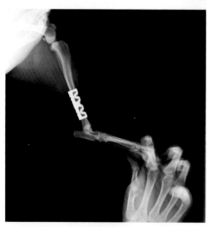

图181 骨折智能接骨器固定法

采用镍钛合金制作的智能接骨器治疗骨折，通过对断骨卡抱、顶撑、锁闭或嵌接等机械连接动作，达到吻合骨结构外形的内固定要求，生物相容性优异，操作非常简便。（唐志远）

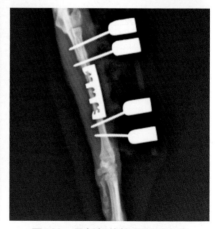

图182 骨折智能接骨器固定法

联合使用智能接骨器与外固定支架治疗犬桡骨中部骨折。（宋立新）

关 节 脱 位

　　关节脱位是指关节骨端的正常位置发生改变，即骨间关节面失去原来正常的对合关系而发生的移位。犬多发髋关节脱位与髌骨脱位，偶发肩关节脱位或肘关节脱位。

　　【病因】分先天性脱位和外伤性脱位两种，前者与遗传有关，因出生时或出生后关节发育异常而容易发生脱位，如髌骨内、外方脱位；后者多与关节直接受到撞击或从高处坠落有关，如髋关节脱位。

　　【典型症状】关节脱位后的急性表现是局部肿胀、疼痛、变形、异常固定、肢势改变和重度跛行，随着病程延长，跛行程度有所减轻，如陈旧性髋关节脱位多表现为中度或轻度跛行。髋关节脱位依股骨头变位方向，患肢似缩短或变长，并呈内收、外展或外旋，站立时悬提或趾尖着地，行走呈混合跛行（图183）。髌骨脱位多表现为内方或外方脱位，患肢膝、跗关节高度屈曲，患肢似缩短而不能负重（图184）。

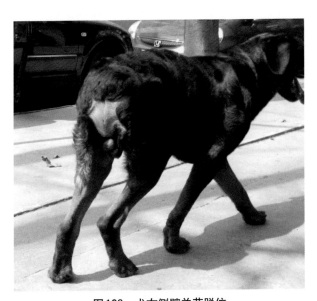

图183　犬右侧髋关节脱位

右侧髋关节下沉，患肢内收、软弱无力。（周庆国）

图184　犬左侧髌骨脱位

左后肢膝、跗关节高度屈曲，患肢悬提，不能负重。（王文狄）

【诊断要点】依据患肢比较特征的跛行姿势，观察或触摸患关节结构改变，并与对侧关节比较，基本可以作出诊断。X线摄片检查是确诊本病的重要手段，能清晰显示出骨间关节面失去原来正常的对合关系，如髋关节脱位显示股骨头脱出髋臼（图185），髌骨脱位显示髌骨离开股骨滑车，位于内侧嵴或外侧嵴旁边（图186）。

【防治措施】基本治疗原则也是整复、固定和功能锻炼。犬髋关节脱位后，虽然手法复位比较容易，但无法进行可靠固定，很容易再次发生脱位。因此，建议手术切开，清理关节面，将股骨头复位后，严密缝合破裂的关节囊，如果髋关节发育或结构保持良好，能够较好地防止复发。人工圆韧带植入术是防止股骨头再次脱位的方法之一，手术后犬后肢功能恢复良好，但部分犬远期疗效有所降低（图187）。髋关节囊外（紧张带）固定术也是防止股骨头再次脱位的方法，但不适用于处于生长发育期的幼龄犬，因为紧张带（人工韧带或尼龙线等）可能限制股骨发育，且容易断裂（图188）。

髌骨脱位的手法复位也比较容易，但很容易再次脱出，因此最好施行手术矫形。轻度脱位一般采取滑车沟整形术（图189、图190）即可有效地防止再次脱位，但严重脱位和肢体变形后，往往需要配合胫骨粗隆移位术（图191、图192）。

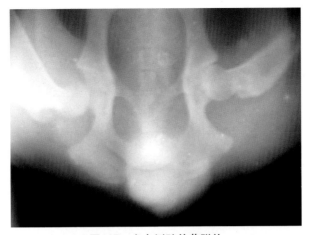

图185　犬右侧髋关节脱位

图183犬腹背位X线摄片显示：右侧股骨头脱离髋臼，发生脱位。（周庆国）

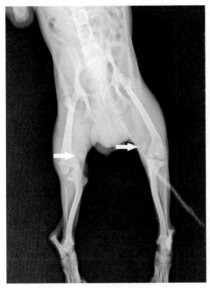

图186　犬两侧髌骨脱位

X线摄片显示：两后肢髌骨脱离股骨滑车，发生内方脱位。（周庆国）

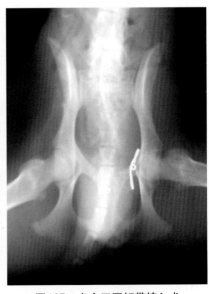

图187　犬人工圆韧带植入术

在髋臼上方钻孔放置套索针，人工韧带经套索针中部小孔穿过，沿事先经股骨头凹钻至股骨第三转子附近的孔道穿出固定。（周庆国）

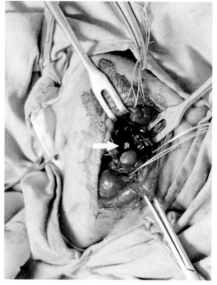

图188　犬关节囊外固定术

在髋臼边缘间隔距离安装2个骨螺钉，将股骨头复位后严密缝合关节囊，使人工韧带或尼龙线分别绕过2个螺钉，经转子窝旁的孔洞穿出固定。（周庆国）

图189　犬膝关节滑车沟整形术

打开膝关节后，先用手术刀和骨凿将滑车软骨取下来，再用骨锉将软骨下间隙锉深。（王文狄）

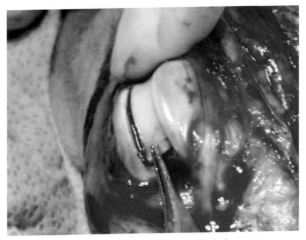

图190 犬膝关节滑车沟整形术

将提前取下的滑车软骨再放回原位，可见滑车沟明显加深，可防止髌骨再次脱出。（王文狄）

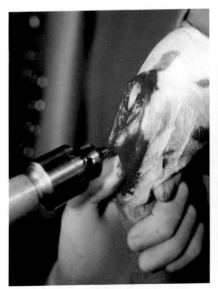

图191 犬胫骨粗隆移位术

将胫骨粗隆取下来，根据髌骨易脱位方向，反方向水平移动粗隆后用骨螺钉或短针固定，改变髌骨滑动轨迹。（王文狄）

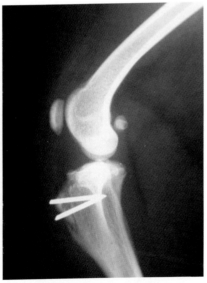

图192 犬胫骨粗隆移位术

X线摄片显示：两根短钢针将胫骨粗隆固定于新的位置。（王文狄）

法国皇家宠物处方食品中有维持关节灵活性的产品（MS25），其含有的Ω3长链脂肪酸和绿唇贻贝提取物既有抗炎作用，也能防止关节软骨退化，能够促进关节功能的良好恢复。两周内限制患犬活动，有利于患肢功能恢复正常。

【诊疗注意事项】有的髋关节脱位病例常并发股骨头和髋臼损伤，如果难以达到良好复位和固定，可以参照髋关节发育不良的治疗方法，即施行股骨头切除和人工假关节形成术。

髋关节发育不良

髋关节发育不良是犬在生长发育阶段出现的一种髋关节疾病，以髋关节周围软组织不同程度松弛、关节不稳定（不全脱位）、股骨头和髋臼变形为特征，多发于德国牧羊犬、金毛巡回犬、拉布拉多犬等。

【病因】目前认为本病是一种多因子（基因）遗传性疾病，即患犬自身有基因缺陷，由于骨盆主要肌群与骨骼的快速生长不相一致，这种不平衡的力迫使髋关节撕开，继而刺激产生一系列的变化，最终表现为髋关节发育不良及退行性关节病。也有认为，由于耻骨肌痉挛或缩短导致股骨头对髋臼缘一个向上的力，致使髋臼缘向上歪斜而发生。

【典型症状】患犬出生时髋关节发育正常，但到4～12月龄后，常出现不同程度的髋关节疼痛和后肢跛行，患犬活动减少，不喜奔跑和跳跃，站立时两后肢外旋，行走中躯体左右摆动或弓背，可逐渐发展为后肢拖地，起卧困难，肌肉萎缩。

【诊断要点】①依据无明显致病因素，并表现以上临床症状，可怀疑本病；②触摸或活动髋关节有明显的疼痛反应；③X线摄片检查是确诊本病的主要方法，显示患犬两侧髋关节松弛、髋臼窝变浅、关节软骨磨损、不全脱位及股骨颈增厚、骨赘形成等病理变化（图193、图194）。

【防治措施】保守治疗主要使用非类固醇抗炎药，如复方阿司匹林、保泰松或吲哚美辛等，具有消炎镇痛效果，但对胃有刺激作用，应当饲喂后投服。饲喂法国皇家公司的维持关节灵活性处方食品（MS25）应当是不错的选择，没有长期投服上述药物产生的副作用，而且其含有的特有营养成分有利于防止关节软骨退化和改善关节灵活性。通常饲喂6～8周，可显示较好的疗效。

手术疗法能根治患肢跛行与疼痛，小型犬宜选择股骨头切除术及人工假关节成型术（图195 至 图198），大中型犬可选择三联骨盆切开术、全髋关节置换术等。

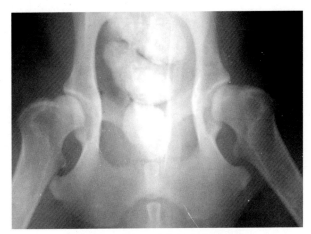

图193　藏獒髋关节轻度发育不良

X线摄片显示：髋臼窝变浅，肠内有积粪。（周方军）

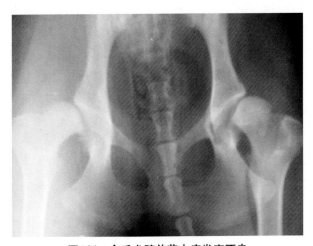

图194　金毛犬髋关节中度发育不良

X线摄片显示：髋臼窝变浅，关节松弛，呈明显的不全脱位。（周方军）

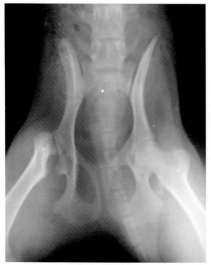

图195 犬股骨头切除及人工假关节成型术

术后X线摄片显示：股骨前端与髋臼保持适当距离，且对位良好。（周庆国）

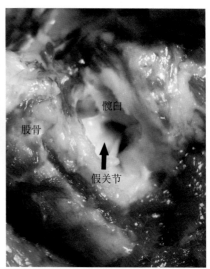

髋臼

股骨

假关节

图196 犬股骨头切除及人工假关节成型术

术后6月剖检所见：在原股骨颈与髋臼之间形成坚强的纤维连接。（周庆国）

图197 犬右侧股骨头切除及人工假关节成型术

术后半月右后肢负重表现：站立时趾垫能够全部着地，运动中趾尖着地，呈轻度跛行。（周庆国）

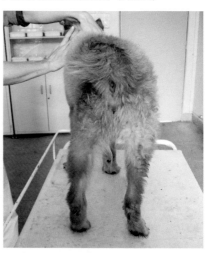

图198 犬右侧股骨头切除及人工假关节成型术

术后5月右后肢负重表现：站立时趾垫正常着地，两后肢均衡负重，运动中无明显跛行。（周庆国）

【诊疗注意事项】①减轻肥胖患犬的体重能减轻或改善症状，法国皇家宠物食品中有减轻体重的肥胖症处方食品（DP34）和控制（维持）体重的处方食品（DIABETIC30），其优点是高蛋白和低能量。②适度的低强度训练如每日散步或游泳，有助于改善犬的活动性。

膝关节前十字韧带断裂

膝关节前十字韧带断裂是犬最常见的关节疾病之一，以膝关节极不稳定、胫骨前移为特征。

【病因】膝关节过度伸展或胫骨过度旋转，可造成前十字韧带急性断裂。有些病例无明显外伤史，可能与前十字韧带因年龄因素而变得脆弱、肥胖引起负重增加有关。

【典型症状】本病发生后，膝关节肿胀，患肢提举不能负重，突发重度跛行。2～3天后疼痛减轻，症状有所好转，但仍表现行动异常。大约6周后，随着关节软骨损坏和退化性关节炎的发展，跛行又逐渐加重。

【诊断要点】①两手分别握住患肢股骨远端和胫骨近端，弯曲膝关节并向前移动胫骨，发现膝关节不稳定，活动性增加；如胫骨能前移3～5毫米以上，表明前十字韧带断裂。②X线检查发现股胫关节不全脱位，胫骨前移（图199）；陈旧性病例出现退化性关节病变，在髌骨或滑车周围及胫骨近端有骨赘形成。③关节镜检查观察到前十字韧带断裂（图199）。

【防治措施】体重在5千克以下的小型犬，一般限制其活动2～4周，可使症状缓解。体重在5～10千克的小型犬或20千克以下的大型犬，可施行关节囊外固定术（图200）或腓骨头移位术；体重在20千克以上的大型犬，可施行胫骨楔状骨切除矫正术（图200）或移植带关节囊内再造术（图201至图203）等。对疼痛严重的患犬，可在饲喂后投服复方阿司匹林或吲哚美辛等。

【诊疗注意事项】①术后1个月限制关节活动，之后进行适当的牵遛和物理治疗。②对肥胖犬应减肥，有利于减轻症状和恢复膝关节的稳定性。

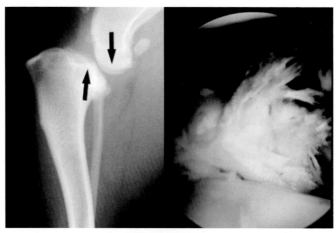

图199　膝关节前十字韧带断裂

左图X线摄片显示股骨与胫骨正常接触点改变，胫骨明显前移。右图为关节镜检查前十字韧带断裂、纤维粗乱。（王文狄）

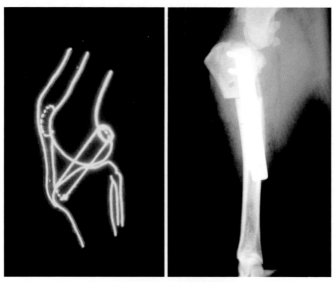

图200　膝关节前十字韧带断裂手术治疗

左图为关节囊外固定术：将适当粗细的尼龙线穿过胫骨粗隆和髌直韧带远端，再环绕股骨后外侧籽骨拉紧，以限制胫骨前移。右图为胫骨楔状切除矫正术：在胫骨近端弯曲处切除一个尖端向后的楔状骨块，按图示用接骨板固定上下断端，能使症状获得改善。（王文狄）

图201 膝关节前十字韧带囊内再造术

沿髌韧带外侧1/3纵形切开髌韧带和阔筋膜，制作一条有足够宽度的移植带（1/3膝直韧带+2/3阔筋膜），长度约为胫结节与髌骨间距的2倍。（周庆国）

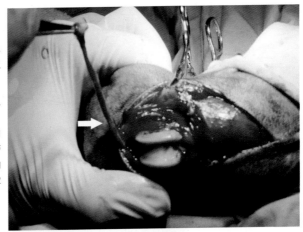

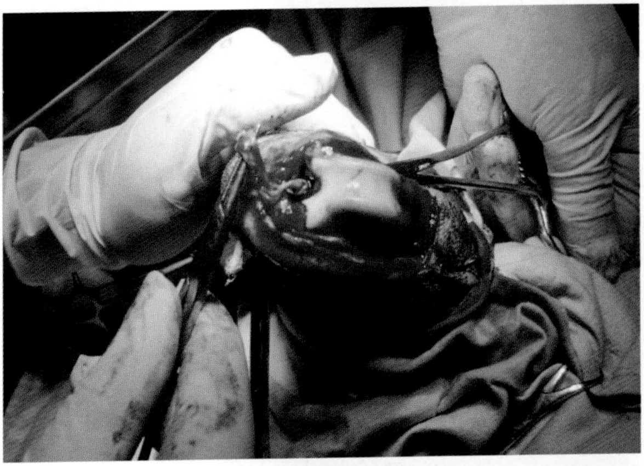

图202 膝关节前十字韧带囊内再造术

在股骨与腓骨间纤维组织做一垂直切口，用一弯止血钳经此切口穿破股膝关节囊，经股骨下面夹持移植带引至股腓间切口外。（周庆国）

图203 膝关节前十字韧带囊内再造术

拉紧移植带至胫骨不再前移，屈伸关节数次调整张力，当确认移植带长度与张力合适后，将移植带以数个结节缝合的方式固定在外侧髁上。（周庆国）

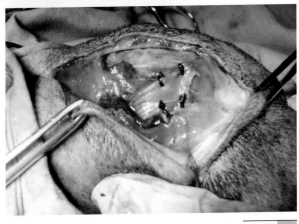

黏液囊炎

【病因与症状】黏液囊是存在于动物皮肤、肌腱与骨或软骨的突起之间的扁平囊状构造，囊内有少量类似于关节滑液的黏液，起减少摩擦的作用。正常情况下黏液囊不易辨别，如不断受到摩擦、损伤而发炎，即可在囊内或组织间隙内出现大量炎性渗出液，从而在损伤局部出现界限明显的圆形或卵圆形波动性肿胀，转为慢性后囊壁增厚（图204、图206）。临床多见犬发生肘头皮下黏液囊炎，急性时有热痛反应，转为慢性后无热无痛，通常不引起跛行。

【防治措施】病初可抽净囊内液体，向囊内注射强的松龙混悬液，并包扎压迫绷带以制止渗出（图205）。多次穿刺有引起感染可能，可注入适量的青霉素或氨苄青霉素。陈旧性病例药物治疗往往无效，可施行黏液囊摘除术（图207）。

图204　犬肘头皮下黏液囊炎
肘关节后方皮下出现圆形波动性肿胀。（周庆国）

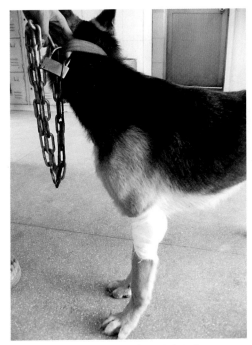

图205　犬肘头皮下黏液囊炎

抽净囊内液体后注射强的松龙，装压迫绷带。（周庆国）

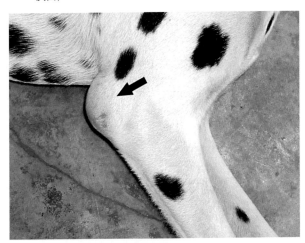

图206　犬肘头皮下黏液囊炎

肘关节后方皮下出现圆形波动性肿胀。（周庆国）

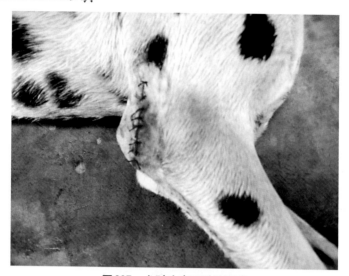

图207　犬肘头皮下黏液囊炎

在肘关节外侧切开皮肤，完整摘除黏液囊，常规缝合皮肤切口。（周庆国）

眼 睑 内 翻

　　眼睑内翻是指睑缘向眼球方向内卷，以致睑缘或睫毛刺激眼球的一种反常状态。

　　【病因】本病大多为品种或遗传缺陷，常见沙皮犬、洛威犬、松狮犬等品种的先天性眼睑内翻。角膜擦伤、结膜囊异物等，可引起痉挛性眼睑内翻。慢性结膜炎或结膜手术后可能引起瘢痕性眼睑内翻。

　　【典型症状】由于睫毛、睑缘皮肤对眼球的持续性刺激，多数患犬表现结膜充血、流泪等结膜炎症状，严重的角膜浅层出现新生血管，甚至发生角膜溃疡。

　　【诊断要点】依据患眼的临床外观，容易作出诊断（图208）。但要同时检查患眼角膜有无损伤、结膜囊有无异物、眼睑或睫毛是否异常等。

　　【防治措施】一般需要手术矫正。局部无菌准备后，在距内翻睑缘3～5毫米处切除一小段椭圆形或半月形皮肤条，长度与内翻睑缘相等，宽度使内翻恰好得到矫正，然后将切口创缘拉拢缝合（图209）。术后应用抗生素眼药水滴眼，若未伴发角膜溃疡，配合滴用皮质类固醇眼药水，疗效更好。若为痉挛性眼睑内翻，对患眼施行表面麻醉后睑缘即可恢复正常，但要分析和解除痉挛。

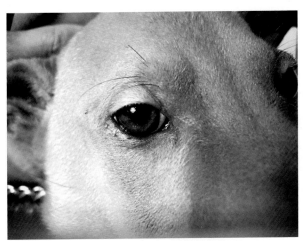

图208　犬眼睑内翻矫正术前
下眼睑睑缘与角膜直接接触。（周庆国）

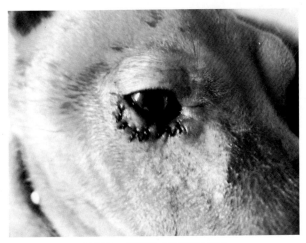

图209　犬眼睑内翻矫正术后
切除半月形皮肤条后，使睑缘离开角膜。（周庆国）

【诊疗注意事项】①对患眼进行细致检查，准确分析和消除病因。②手术矫正时要准确把握拟切除的眼睑皮肤长度和宽度，切除过多或过少均不能获得理想的矫正效果。

结 膜 炎

结膜炎是结膜受外界刺激和感染而发生的炎症过程，以结膜充血、水肿，眼分泌物增多等为特征。

【病因】犬只玩耍、撕咬等容易造成眼睑或结膜损伤而发炎；给宠物洗澡时不慎使浴液流入眼内，或使用皮肤杀虫剂时不慎喷入眼内造成刺激；某些传染病如犬瘟热过程中常表现化脓性结膜炎。

【典型症状】

1.卡他性结膜炎　急性表现为患眼羞明，眼睑肿胀，结膜潮红，有多量浆液性或浆液黏液性分泌物（图210）。转为慢性后，结膜常逐渐变厚呈丝绒状，充血不明显，分泌物减少。

2.化脓性结膜炎　以眼内流出多量黏液脓性分泌物为特征，同时

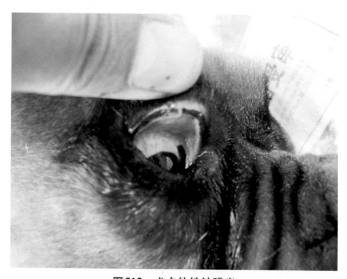

图210　犬卡他性结膜炎

结膜充血潮红、轻度增厚似丝绒状，有少量浆液黏液性分泌物。

（周庆国）

图211 犬化脓性结膜炎

患眼羞明，眼角或睑缘有多量脓性分泌物。（周庆国）

结膜充血严重，眼睑痉挛（图211）。

【诊断要点】本病发病部位明确，症状鲜明，容易作出诊断。机械性或化学性因素所致结膜炎有明显的病史；病毒性结膜炎多伴有全身其他症状；眼吸吮线虫引起的本病，可在结膜囊内找到虫体。

【防治措施】应用3%硼酸溶液或生理盐水清洗结膜囊，必要时可对患犬镇静或麻醉后进行。对病因不明的患犬，可试用诺氟沙星眼药水或氧氟沙星眼药水，并配合醋酸氢化可的松眼药水交替滴眼；或应用复方新霉素眼药水、碘必舒滴眼液（含妥布霉素和地塞米松）等滴眼，每天滴眼3～4次，连用数天至痊愈。结膜充血、肿胀严重时，可用0.5%盐酸普鲁卡因和地塞米松各0.5～1毫升、氨苄青霉素0.1～0.2克，混合后行眼睑皮下或球结膜下注射，常可取得显著疗效。

【诊疗注意事项】①本病若能查明致病因素并进行合理治疗，有助于提高疗效。②由于结膜与角膜的组织学联系，有的病例往往伴有角膜炎、甚至角膜溃疡，这种情况下禁用含有皮质激素的眼药水，因容易导致溃疡恶化、角膜穿孔的不良后果。

角 膜 炎

角膜炎主要是指角膜的病变，即以角膜浑浊、溃疡或穿孔，角膜周边形成新生血管为特征。

【病因】机械性损伤、眼球突出或泪液缺乏等，是引起浅表性角膜炎或溃疡性角膜炎的主要原因。某些传染病如犬传染性肝炎、全身性真菌病，多以间质性角膜炎为局部症状。

【典型症状】浅表性角膜炎早期，患眼羞明，角膜上皮缺损或浑浊（图212），有少量浆液黏液性分泌物；若治疗不当或继发细菌感染，容易形成溃疡即溃疡性角膜炎（图213）。角膜缺损或溃疡恶化，常表现为后弹力层膨出（图214），进而可发展为角膜穿孔和虹膜前粘连，以至于视力丧失。间质性角膜炎大多呈深在性弥漫性浑浊，透明性呈不同程度降低（图215）。

【诊断要点】浅表性角膜炎和溃疡性角膜炎症状典型，容易诊断。要注意鉴别浅表性角膜炎和间质性角膜炎，间质性角膜炎一般少见眼分泌物，从患眼侧面视诊，可见角膜表面被有完整上皮与泪膜构成的

图212　北京犬浅表性角膜炎
右眼角膜浅表性炎症、浑浊。（周庆国）

图213 犬溃疡性角膜炎

右眼角膜完全浑浊，可见典型溃疡灶。（周庆国）

图214 冠毛犬眼后弹力层膨出

患眼角膜缺损严重，后弹力层呈圆锥状膨出。（周庆国）

图215 圣伯纳犬眼间质性角膜炎

左眼角膜弥漫性浑浊，角膜表面光滑、无损伤。（周庆国）

透明层，而浅表性角膜炎因表面浑浊而失去透明层。两者病因不同，正确地鉴别有助于合理治疗。

【防治措施】先按结膜炎的洗眼方法对患眼清洗和检查，再依据角膜病变进行合理治疗。对于浅表性角膜炎（无明显角膜损伤），可用复方新霉素眼药水或碘必舒滴眼液等滴眼，每天滴眼3～4次；或按结膜炎的用药方法行眼睑皮下或球结膜下注射1～2次。对于角膜缺损或溃疡，可用半胱氨酸滴眼液配合角膜宁、贝复舒或爱丽眼药水滴眼；施行结膜瓣或瞬膜瓣遮盖术以保护角膜，有促进溃疡愈合的满意疗效（图216）。严重的角膜溃疡、穿孔或影响视力的瘢痕形成，最好施行角膜移植术（图217至 图221）。对于间质性角膜炎，要分析病因和采取针对性疗法。

【诊疗注意事项】①临床常因患犬眼睑痉挛而无法观察角膜病变，须对患犬施行麻醉后细致地检查。②对于角膜缺损或溃疡的病例，禁用含皮质类固醇的眼药水，因其影响角膜上皮和基质再生，不利于溃疡愈合，容易引起角膜穿孔。

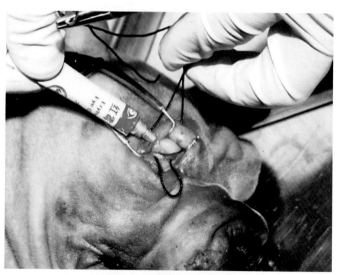

图216　犬瞬膜瓣遮盖术

将灭菌丝线从上睑外上方穿入，依次穿透眼睑、瞬膜，再经瞬膜外侧依次穿透瞬膜、上睑，呈水平纽扣状缝合。（周庆国）

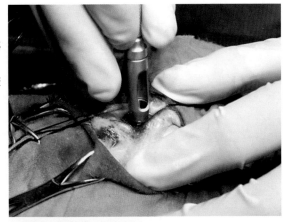

图217　犬穿透性角膜移植术

用角膜环钻钻除浑浊的瘢痕化角膜。(周庆国)

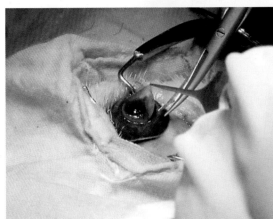

图218　犬穿透性角膜移植术

将提前钻取的透明植片放在植床上，植片直径大于植床0.25～0.5毫米。(周庆国)

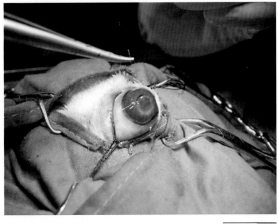

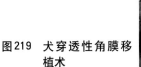

图219　犬穿透性角膜移植术

施行四针定位缝合后，再行连续缝合，使植片与植床密闭吻合。(周庆国)

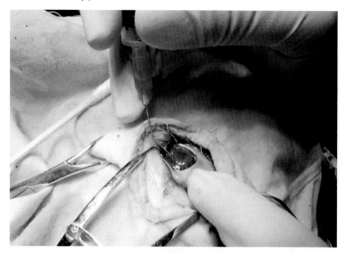

图220　犬穿透性角膜移植术

向前房注入无菌空气或生理眼水，重建前房。（周庆国）

图221　犬穿透性角膜移植术

植片一般在移植后20～25天恢复透明。（周庆国）

瞬膜腺脱出

　　瞬膜腺脱出亦称"樱桃眼"，是以瞬膜腺增生、肥大和结膜炎或角膜结膜炎为主要症状的一种眼病。

【病因】瞬膜或瞬膜腺受到某种刺激而致腺体体积增大，结果越过瞬膜缘而脱出。本病有品种易感性，如北京犬、沙皮犬等品种多发本病。

【典型症状】本病通常先在一只眼发生，不久另一只眼有同样表现。瞬膜腺脱出后，因在眼内角出现一个状似樱桃的红色软组织块，故常称为"樱桃眼"（图222、图223）。脱出的瞬膜腺使患眼难以闭

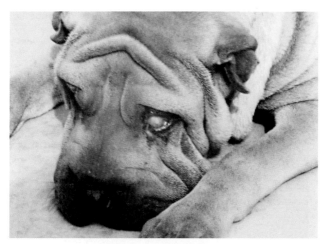

图222　犬瞬膜腺脱出

左眼瞬膜腺似"樱桃"样外观。（周庆国）

图223　犬瞬膜腺脱出

两眼瞬膜腺先后脱出。（周庆国）

合，且易继发细菌感染，所以多伴有结膜炎或角膜结膜炎。

【诊断要点】依据患眼出现的典型症状，容易做出诊断。

【防治措施】将患犬全身麻醉后常规洗眼，左手持有齿镊提起腺体，右手持止血钳夹住腺体基部（图224），再用另一把止血钳反方向夹住腺体基部（图225），之后固定下方止血钳并慢速旋转上方止血钳，数秒后腺体即可断离（图226），术后应用抗生素眼药水滴眼数

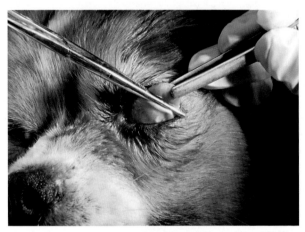

图224　犬瞬膜腺摘除术

用一把止血钳夹住腺体基部。（周庆国）

图225　犬瞬膜腺摘除术

用另一把止血钳反方向夹住腺体基部。（周庆国）

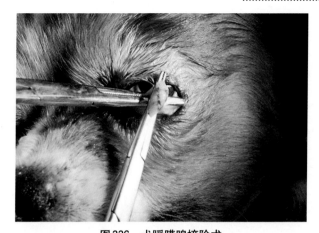

图226　犬瞬膜腺摘除术

固定下方止血钳并慢速旋转上方止血钳，数秒后腺体断离。

（周庆国）

天。此种摘除法可以达到几乎滴血不出的效果，即使少量出血，用干棉球压迫也迅速奏效。术后应用抗生素眼药水滴眼数天。

【诊疗注意事项】①虽然病初应用眼药水滴眼有时可见腺体回缩，但不久即再次脱出，因此根治本病的方法是施行瞬膜腺摘除术。②对于泪腺功能不全或患有干性角膜结膜炎的患犬，因摘除瞬膜腺后可能加剧干眼症状，应施行瞬膜腺内翻术。

前色素层炎

前色素层炎亦称为虹膜睫状体炎，是以虹膜和房水病理变化为特征的较为严重的一种眼病。

【病因】原发性前色素层炎常因眼外伤、角膜穿孔、眼内手术等引起。继发性前色素层炎多见于犬传染性肝炎、全身性真菌感染、免疫介导性疾病及自身免疫性疾病过程中。

【典型症状】患眼羞明流泪，眼睑痉挛，瞬膜突出，角膜呈轻度弥漫性浑浊，周边新生血管充血。虹膜因充血、肿胀而纹理不清，瞳孔括约肌痉挛而致瞳孔缩小，前房底部常有半透明絮状纤维素性渗出物积聚，形成前房积脓（图227）。由于房水性质改变，晶状体往往发生

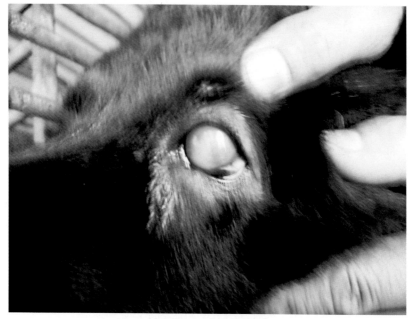

图227　犬前色素层炎

患眼角膜表面光滑、弥漫性浑浊，前房底部有渗出物积聚。（周庆国）

浑浊，引起视力减退或丧失。

【诊断要点】本病的特征性表现是虹膜发炎和房水性质改变，由于房水性质改变引起角膜浑浊，往往难以观察到虹膜的病理变化，所以当发现房水浑浊或前房底部有沉淀物积聚时，即可作出诊断。

【防治措施】早期可多次应用1%硫酸阿托品或托吡卡胺滴眼，维持瞳孔扩大；联合应用抗生素眼药水和皮质类固醇眼药水交替滴眼，或参照结膜炎的治疗方法行球结膜下封闭，对原发性前色素层炎还须全身应用抗生素控制眼内感染；为缓解患眼疼痛反应，可口服阿司匹林等。

【诊疗注意事项】①本病致病因素复杂，临床常见许多患犬病因不明，若能查明引起本病的原发病和针对病因用药，将有助于提高疗效。②本病的治疗重点是消炎、镇痛，防止虹膜后粘连和预防视力损害，要尽快、反复使用硫酸阿托品滴眼以扩大瞳孔，必要时全身使用皮质类固醇，以减少前房渗出和增强消炎效果。

青 光 眼

青光眼是由于眼房角结构发育不良、狭窄或阻塞等原因使房水排泄受阻，导致眼内压升高，进而损害视网膜和视神经乳头的一种眼病。

【病因】原发性青光眼与遗传有关，多因眼房角结构发育不良而致房水排泄受阻。继发性青光眼多见于前色素层炎、瞳孔闭缩或阻塞、晶体前或后移位等眼内疾病，因房角粘连、堵塞而致眼压增高。

【典型症状】眼球显著增大、突出，巩膜血管怒张；角膜病初透明，能够观察到瞳孔散大，以后角膜转为毛玻璃状浑浊；侧观虹膜和晶体向前突出，前房变浅（图228）；用检眼镜观察眼底，常见视神经乳头萎缩和凹陷。

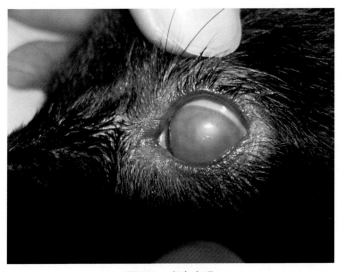

图228　犬青光眼

眼球增大，角膜轻度浑浊，瞳孔极度扩大。（周庆国）

【诊断要点】①本病可突然发生或逐渐形成，依据患眼典型表现和触诊眼球有明显硬实感，基本可以作出诊断。②使用压陷式眼压计测量眼内压，犬正常眼内压为2～3千帕，超过了即为眼内压升高。

【防治措施】保守疗法包括静脉注射50%葡萄糖或20%甘露醇，

或口服50%甘油，迅速脱水以降低眼内压；口服乙酰唑胺或用噻吗心安眼药水滴眼，以减少房水产生；使用1%～2%毛果芸香碱溶液滴眼，以扩大闭塞的房角和促进房水循环。然而，保守疗法往往不能消除引起眼压升高的病因，使用药物降低眼压后仍会升高，所以有条件尽快采取手术治疗是保存患犬视力的重要措施。目前最好的手术方法是施行小梁切除术，即在角巩缘与角膜交界处后方0.5毫米处，将包括Schlemm氏管和小梁组织在内大小约1毫米×2毫米的深层巩膜切除，引流房水至球结膜下间隙，依靠球结膜淋巴管、毛细血管、上皮细胞和结缔组织等而被吸收，从而保持眼房内的一定压力，有很高的成功率，适用于多种病因或多种类型的青光眼。

【诊疗注意事项】①当患犬病情已发展到眼压明显升高、视力障碍时，采取保守疗法的疗效不够确实，要考虑尽快实施手术，以避免持续高眼压造成视力的不可逆性损害。②术后全身和局部应用抗生素和皮质类固醇十分必要，有利于预防感染和阻止瘢痕形成，确保手术效果。

白 内 障

白内障亦称为晶状体浑浊，是指晶状体及其囊膜发生浑浊而引起视力障碍的一种眼病。

【病因】先天性白内障与遗传有关。后天性白内障是因晶状体代谢紊乱或受炎性渗出物、毒素影响所致，一般见于老龄犬，或继发于角膜穿透伤、前色素层炎、脉胳膜炎、视网膜炎、糖尿病等。

【典型症状】在角膜正常情况下，可见瞳孔区内出现云雾状或均匀一致的灰白色浑浊（图229、图230），视力减退或丧失。有些后天性白内障常伴有角膜浑浊，难以观察到浑浊的晶状体。

【诊断要点】要注意将本病与角膜浑浊区别开，本病表现的浑浊仅限于瞳孔区内；而角膜浑浊区一般不确定，从患眼侧面观察，仅能看到浑浊的角膜，而不能看到浑浊的晶状体。

【防治措施】目前有效的治疗方法是晶状体乳化抽吸术和人工晶体植入术，使患眼对光反射及视力得到较好恢复与改善。目前，北京多家宠物医院及重庆、武汉等地的宠物医院都已开展了犬晶状体乳化抽吸术和人工晶体植入术，并取得良好的治疗效果，给白内障患犬带来

图229 犬未成熟期白内障

双眼角膜正常，瞳孔区内有淡云雾状浑浊。（周庆国）

图230 犬成熟期白内障

右眼瞳孔区内出现比较均匀的灰白色浑浊。（周庆国）

了福音。但是该手术对患犬有一定适应性要求，即玻璃体、视网膜及视神经乳头功能必须正常，如此手术后才能达到预期效果。

【诊疗注意事项】①晶状体一旦浑浊就不能被吸收，药物治疗仅能在一定程度上延缓浑浊发展。②本病的治疗手术需要超声乳化仪，已经开展该手术的医院均接受其他地区的患犬前往治疗。

眼 球 脱 出

眼球脱出是指整个眼球或大半个眼球脱出眼眶的一种严重的外伤性眼病。

【病因】犬与犬之间斗咬或遭受车辆冲撞，特别是头部或颞窝部的剧烈震荡容易发生眼球脱出，其中以北京犬等短头品种犬多发，与其眼眶偏浅和眼球显露过多（大眼睛）有关。

【典型症状】

1.**眼球突出**　眼球呈半球状突出于眼眶外，常呈斜视状态；结膜充血或出血，角膜干燥和浑浊（图231、图232）。

2.**眼球脱出**　眼球全部脱出于眼眶，出血严重。随着脱出时间延长，角膜及整个眼球变性干燥，视神经乳头及视神经发生变性，视力完全丧失（图233）。

【诊断要点】依据患眼典型症状，容易作出诊断。

【防治措施】患犬全身麻醉，用含有适量广谱抗生素的灭菌生理盐水清洗眼球，再用浸湿的纱布块将其托起、按压使其复位于眼眶。为润滑角膜和预防感染，在结膜囊内涂布四环素可的松眼膏，之后对上

图231　犬眼球突出

左眼球突出、斜视，结膜充血，角膜轻度混浊。（周庆国）

图232　犬眼球突出

左眼球突出，结膜出血，角膜干燥。（周庆国）

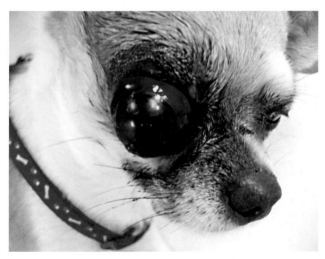

图233　犬眼球脱出

右眼球脱出，结膜出血，角膜干燥。（周庆国）

下眼睑行结节缝合并保留1周左右（图234）。术后可应用消炎、消肿药物，以促使球后炎性产物吸收。若眼球脱出时久或干燥坏死，则将其切除，眼眶内填塞灭菌纱布条止血，8～12小时后除去纱布条，每天用适宜消毒液经眼角冲洗眼眶。

图234　犬眼球脱出
将眼球复位于眼眶，眼睑行暂时缝合。（周庆国）

【诊疗注意事项】①当发现犬眼球突出（脱出）后，要尽快施行手术复位，否则将造成视力的不可逆性损害。②若复位有困难，可做上下眼睑牵引线或行睑缘切开，完成复位后再将切开的睑缘缝合。

化脓性全眼球炎

化脓性全眼球炎是指眼球的一种化脓坏死性疾病，严重时可波及到眼眶内组织。

【病因】角膜溃疡穿孔、眼球穿孔伤后感染、眼内手术感染等造成。

【典型症状】眼球肿大，表面出血，或从眼球破裂孔流出血液或脓液（图235）；炎症严重的患犬还表现体温升高、精神沉郁、食欲减退或废绝等全身症状。

【诊断要点】依据患眼临床症状，结合病史，即可作出诊断。

【防治措施】患犬全身麻醉，用含有适量广谱抗生素的灭菌生理盐水彻底清洗眼球表面及结膜囊，之后摘除完整眼球，向眼眶内撒布氨苄青霉素粉，将灭菌纱布条填塞于眼眶内止血，再对上下睑缘行3～4针结节缝合（图236）。8～12小时后除去纱布条，用0.1%新洁尔灭溶液或0.1%利凡诺溶液冲洗眼眶，也可向眼眶内滴入抗生素眼药水，连续数天。为有效地消除感染，可全身应用氨苄青霉素或头孢菌素。

【诊疗注意事项】①摘除眼球时尽量保证眼球壁完整，避免感染扩散到眼眶内组织。②如眼眶内已经感染，摘除眼球后要彻底清除眼眶内的坏死组织，保持引流通畅。

图235　犬化脓性全眼球炎

结膜充血，角膜破裂，眼球内有大量脓性渗出物。（周庆国）

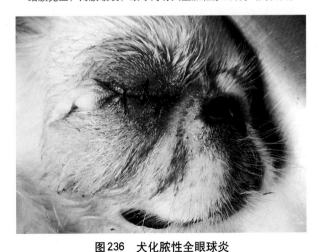

图236　犬化脓性全眼球炎

施行全眼球摘除，填塞无菌纱布条止血，眼睑暂时缝合。（周庆国）

耳 血 肿

耳血肿是指耳郭皮下血管破裂、血液积聚于耳郭皮肤与耳软骨之间形成的肿胀。血肿多发生在耳郭内侧，偶尔也发生在外侧。

【病因】引起本病的直接原因多为外力造成耳郭挫伤，同时引起耳郭皮下血管破裂。如耳内有异物、外耳道炎、耳内寄生耳螨等，患犬因瘙痒而剧烈甩头和摩擦耳部，容易引起本病。此外，也见犬只之间玩耍、撕咬耳朵引起本病。

【典型症状】患犬耳郭突然肿胀、发红或发紫，耳郭显著增厚并下垂，按压有波动感和疼痛反应，穿刺可排出多量血性液体（图237、图238）。反复穿刺容易造成感染。

【诊断要点】依据耳郭出现明显肿胀和穿刺结果，即可作出诊断。

【防治措施】通常保守疗法无效，需要手术治疗。将患犬麻醉后，耳郭内外侧常规无菌准备，在耳郭血肿突起处（多为耳内侧）穿刺放血，之后沿耳郭纵轴切开，排出积血及凝血块，然后做若干散在、平行于切口的耳郭穿透性褥式缝合（图239至图242）。

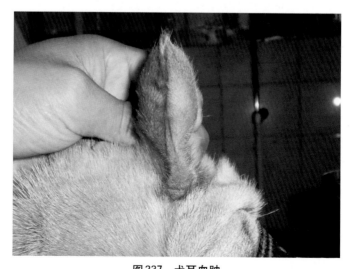

图237　犬耳血肿

耳郭肿胀，耳内侧皮肤发紫。（于竹青）

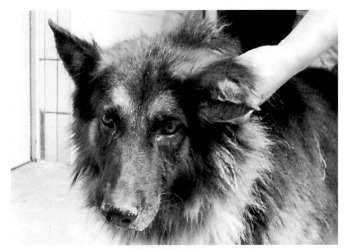

图238　犬耳血肿

左耳郭肿胀、显著增厚并下垂。（周庆国）

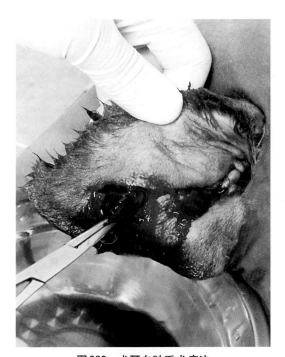

图239　犬耳血肿手术疗法

沿耳郭纵轴切开，排出积血及凝血块。（周庆国）

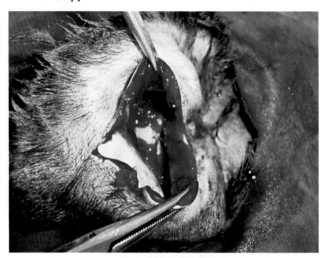

图240　犬耳血肿手术疗法

显露耳内侧皮下广泛性出血。（周庆国）

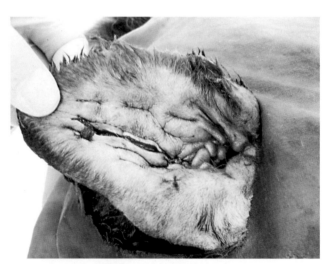

图241　犬耳血肿手术疗法

做若干散在、平行于切口的耳郭穿透性褥式缝合。（周庆国）

【诊疗注意事项】①过小的耳血肿一般不需治疗，由其自然吸收。②对耳郭缝合的目的是消除血肿形成的空腔，缝合密度应能起到压迫止血的效果。③术后一般不需装置耳绷带，但应注意防止创口感染。

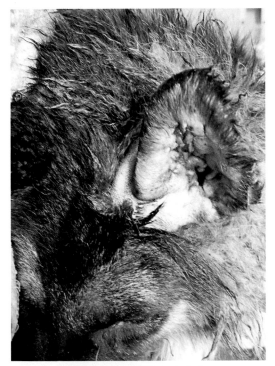

图242　犬耳血肿手术疗法

术后患耳恢复直立状态。（周庆国）

外　耳　炎

　　外耳炎是指外耳道的炎症，是临床上常见的耳病，尤其多见于长毛犬及垂耳犬。

　　【病因】耳毛过长或耳道狭小，如洗浴、游泳等原因使水进入外耳道后湿度增大，容易继发金黄色葡萄球菌、β-溶血性链球菌、假单胞菌、变形杆菌或犬糠疹癣菌感染。

　　【典型症状】患犬摇头抓耳，烦躁不安。外耳道皮肤充血、肿胀，外耳道口或耳道内有多量稀薄的带血脓性分泌物或棕黄色鞋油样耳垢（图243、图244）；触诊耳郭或耳根部，敏感疼痛。病程长的患犬耳道分泌物浓稠，皮肤肥厚、增生而堵塞耳道（图245）。

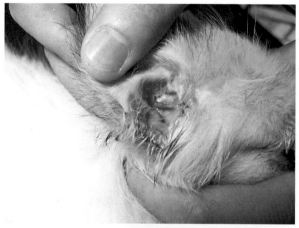

图243 犬外耳炎

耳道内有少量脓性分泌物。(周庆国)

图244 犬外耳炎

耳道内有大量含血的脓性分泌物。(周庆国)

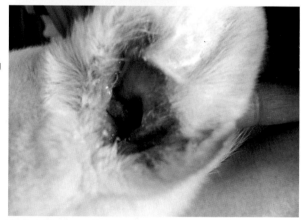

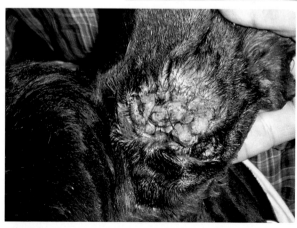

图245 犬外耳炎

耳郭皮肤肥厚、增生，堵塞耳道。(于竹青)

【诊断要点】依据患犬摇头抓耳的临床表现，结合外耳道检查结果，即可作出诊断。要确定病原菌，可取少量分泌物涂片镜检，然后做微生物学分离鉴定。

【防治措施】患犬全身麻醉，除去耳郭内侧与外耳道口被毛，用棉签先后浸3%双氧水和0.1%雷佛奴尔溶液擦拭外耳道，然后用干棉球擦干。细菌性外耳炎可滴入复方新霉素等抗生素类滴耳液，严重感染的须全身应用抗生素。真菌性外耳炎应使用克霉唑乳膏或硝酸咪康唑乳膏（达克宁）涂抹。伴有耳痒螨寄生时，直接向耳道内滴入"害获灭"或"通灭"数滴，同时配合皮下注射。

【诊疗注意事项】①平时防止耳内进水，保持耳道干燥。②经常检查清洗耳道，发现异常后及时治疗。③因皮肤肥厚、增生而堵塞耳道时，可施行外耳道外侧壁切除术。

脐　疝

脐疝是指腹腔脏器经脐孔脱至脐部皮下而形成局限性突起。疝内容物多为网膜、镰状韧带或小肠等。

【病因】先天性脐部发育缺陷、出生后脐孔闭合不全，是发生脐疝的主要原因。此外，母犬分娩时强力撕咬脐带，或分娩后过度舔仔犬脐部，都可导致脐孔不能正常闭合而发生本病。

【典型症状】本病多见于幼犬，脐部出现局限性半球形突起，触摸柔软，无热无痛（图246、图247）。脐疝多具可复性，一般容易将脱出的脏器压入腹腔。少数患犬的疝内容物和疝囊发生粘连，不能还纳腹腔，但很少发生嵌闭。患犬一般无精神、食欲、排便等异常。

【诊断要点】依据脐疝的特定发生部位、局部表现，基本能够作出诊断。将患犬直立或仰卧保定后压挤疝囊，将疝内容物还纳腹腔并触及未闭合的脐孔，即可确诊。

【防治措施】本病多无临床症状，一般不用治疗。如疝囊逐渐增大或内容物发生粘连、嵌闭时，应施行手术治疗。基本术式为：患犬全身麻醉，仰卧保定，术部常规消毒，在疝囊皮肤上作一纵向切口，向下分离显露疝内容物；如未发生粘连、嵌闭，将其还纳腹腔；如已发生粘连，应细致剥离后还纳腹腔；然后用手术刀轻刮疝孔边缘造成新

图246 公犬脐疝

脐疝外观多呈半球形突起，压迫疝囊容易触及腹壁上的脐孔。（周庆国）

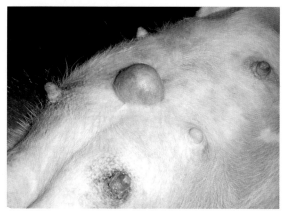

图247 母犬脐疝

将犬仰卧，压迫疝囊容易将内容物还纳腹腔。（郭宝发）

鲜创面，连续缝合脐孔；最后切除多余皮肤，常规闭合皮肤切口。

【诊疗注意事项】①手术中如果发现疝内容物粘连严重或嵌闭坏死，应切除病变肠管和做肠管吻合术。②术后7～10天内减少饮食，限制剧烈活动，防止腹压过大造成脐孔缝线断裂。

腹股沟（阴囊）疝

犬腹股沟阴囊疝是指公犬腹腔器官经腹股沟内环、腹股沟管脱至阴囊的一种常见疾病。临床也能见到母犬腹腔器官经腹股沟内环脱至腹股沟外侧皮下，称为腹股沟疝。公犬的疝内容物多为网膜或小肠。母犬疝内容物除小肠外，也偶见膀胱或子宫。

【病因】本病分先天性和后天性两种情况。前者与遗传有关，表现为腹股沟环先天性扩大；后者多因肥胖或剧烈运动等导致腹内压增高及腹股沟环扩大，从而发生本病。

【典型症状】本病多发生于一侧，表现为患侧腹股沟处或阴囊明显肿胀，皮肤紧张，触之柔软有弹性，一般无热无痛（图248、图249），病初倒提患犬或使其仰卧，容易使疝内容物退回腹腔。慢性病例多因腹腔器官在脱出处发生粘连，即为不可复性，但通常并无全身症状。犬的嵌闭性疝发生较少。

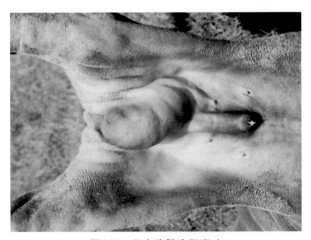

图248　公犬腹股沟阴囊疝

在腹股沟至阴囊处出现索状肿胀。（周庆国）

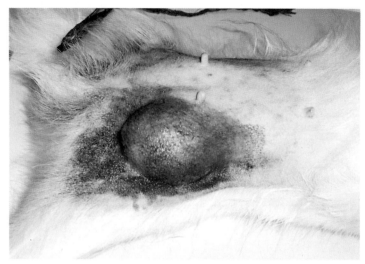

图249 母犬腹股沟疝

在腹股沟处出现卵圆形或球形肿胀。（郭宝发）

【诊断要点】依据本病的特定发生部位和局部表现，应当怀疑本病。最好将患犬倒提或使其仰卧，向腹腔方向挤压局部的肿胀，如体积随之缩小，并能在腹中线旁侧倒数第一对乳头附近触摸到扩大的腹股沟环，即可确诊。X线检查或B超检查也常用于本病的诊断。

【防治措施】本病需要手术治疗。患犬全身麻醉，仰卧保定，腹股沟环及其周围常规消毒，在腹股沟环处切开皮肤并向下分离，显露鞘膜管及疝内容物，将其完全还纳腹腔后显示腹股沟内环，如为公犬则顺便摘除睾丸，然后间断或连续缝合腹股沟内环，常规闭合皮肤切口（图250至 图255）。当疝内容物过大或发生粘连、嵌闭而难以整复时，可向后扩大皮肤切口或腹股沟环，细致分离出疝内容物。对留种公犬，还纳疝内容物后适当缩小腹股沟内环，以确保腹腔器官不再由此脱出。

【诊疗注意事项】①注意与精索炎、睾丸炎或睾丸肿瘤等进行鉴别。睾丸炎或睾丸肿瘤表现为阴囊一侧或两侧增大，触诊手感为睾丸自身肿大，并且急性睾丸炎有热痛表现。精索炎主要在腹股沟及阴囊颈部呈狭长的轻微肿胀，有热痛反应。②本病有遗传性，不宜留为种用。③术后控制患犬食量，减少剧烈活动。

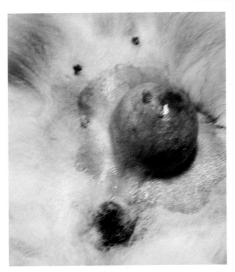

图250 母犬腹股沟疝手术

在腹股沟处出现球形肿胀（注意与图249疝囊位置比较），触之较硬，难以还纳腹腔，准备施术。(周庆国)

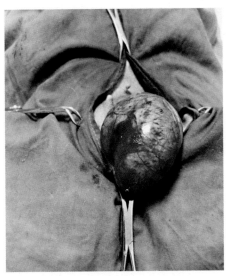

图251 母犬腹股沟疝手术

直线切开疝囊皮肤，显露出疝内容物——肠管。(周庆国)

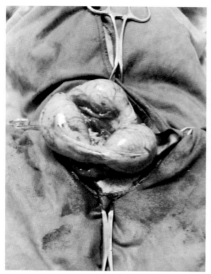

图252　母犬腹股沟疝手术

切开鞘膜发现肠管积有粪球，是导致疝内容物不可复的原因。（周庆国）

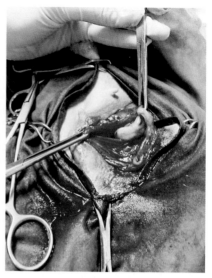

图253　母犬腹股沟疝手术

压挤肠管将其还纳腹腔，显示出扩大的腹股沟内环。（周庆国）

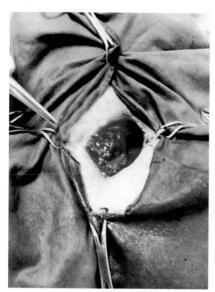

图254　母犬腹股沟疝手术

剪除多余的鞘膜，螺旋缝合腹股沟内环。（周庆国）

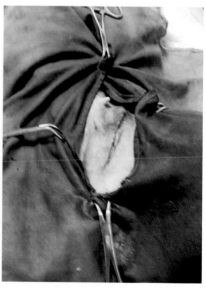

图255　母犬腹股沟疝手术

对合皮肤创缘，准备缝合。（周庆国）

腹 壁 疝

腹壁疝是指腹腔器官经腹壁的外伤性破裂孔脱至腹壁皮下的一种常见疾病。疝内容物多为肠管和网膜，也见于母犬妊娠子宫或膀胱等脱至腹壁皮下。

【病因】主要与各种原因造成腹壁损伤有关，如车辆冲撞、奔跑摔倒、高处坠落、母犬妊娠期或分娩期腹压增大等，造成腹膜和腹肌破裂而皮肤完整，从而引起本病。腹腔手术如缝合腹壁不当或缝线早期断裂、松脱，即可在术部发生本病。

【典型症状】腹侧壁或底壁出现局限性扁平或半球形肿胀，压迫突起部，如肿胀缩小，容易摸到皮下破裂孔（图256）。病初可能有炎性反应，患部温热疼痛；随着炎症消退，患部无热无痛，通常疝囊柔软，疝孔光滑，疝内容物大多可复。若为妊娠子宫脱出，似乳房发炎、肿大，难以还纳腹腔。

【诊断要点】依据病史、临床特征和触诊摸到疝孔，可以确诊。如因疝内容物发生粘连，无法还纳并触及疝孔时，可进行X线检查或B

图256　犬腹壁疝
沙皮幼犬右腹侧出现半球形肿胀。（周庆国）

超检查，有助于观察和判断内容物性质（图258、图260）。

【防治措施】本病应施行手术治疗，其方法与脐疝手术术式基本相同（图257、图261、图262）。手术的主要操作是分离疝内容物与疝孔

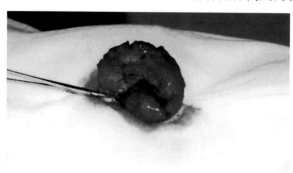

图257 犬腹壁疝

打开疝囊显示内容物为小肠，将肠管从与疝囊粘连处分离出。（周庆国）

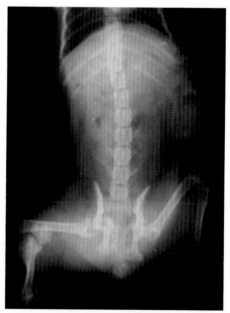

图258 犬腹壁疝

X线摄片显示：车撞造成左侧腹壁疝（内容物为肠管）及骨盆、股骨骨折。（王拔萃）

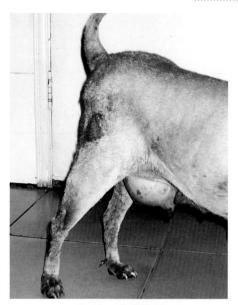

图259　犬腹壁疝

右侧一乳房显著增大。(周庆国)

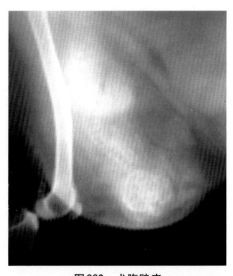

图260　犬腹壁疝

X线摄片显示：内容物为完整胎儿轮廓。(周庆国)

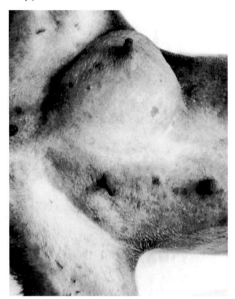

图261　犬腹壁疝

患犬仰卧，准备施术。（周庆国）

图262　犬腹壁疝

打开疝囊显示内容物为子宫。（周庆国）

缘及疝囊皮下结缔组织的紧密粘连、将瘢痕化的陈旧性疝孔修剪为新鲜创面、较大的疝孔采用水平褥式缝合、剪除松弛的疝囊皮肤后常规闭合皮肤切口。术后控制患犬食量，防止便秘，减少活动。

【诊疗注意事项】①急性外伤性腹壁疝往往伴有多发性损伤，手术整复前应先稳定病情，改善全身状况。②术后限制患犬活动，尤其要控制食量。

会 阴 疝

会阴疝是指盆腔器官经盆腔后直肠侧面结缔组织间隙突至会阴部皮下的一种多发疾病。疝内容物多为直肠、膀胱，也见前列腺或腹膜后脂肪。本病多发生于7～9岁龄的公犬，母犬很少发生本病。

【病因】一般认为，盆腔后结缔组织无力和肛提肌变性、萎缩是发生本病的常见素因；性激素失调、前列腺增大及慢性便秘等因素及其相互影响，对本病发生起着重要的促进作用。有的会阴疝是因直肠憩室或囊肿所引起。

【典型症状】在肛门一侧或侧下方出现局限性椭圆形或半球形肿胀（图263、图264），触摸肿胀较硬实（直肠或前列腺）或有弹性（膀胱），局部大多敏感、疼痛，患犬排尿或排便困难，严重病例精神沉郁、食欲减退。

图263　犬会阴疝

肛门左侧出现半球形肿胀，触之疼痛明显，主要表现排尿困难。（周庆国）

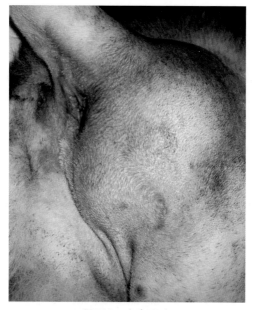

图264　犬会阴疝

肛门右侧出现上下两半球型肿胀，触之疼痛，主
要表现排便困难。(周庆国)

【诊断要点】依据本病的特发部位和临床症状，应怀疑本病。临床
检查应进行直肠指检，感觉直肠扩张并向一侧偏移，或形成直肠憩室，
积聚了大量粪便，即可确诊。如果疝内容物是膀胱，则按压疝囊有波
动感，同时患犬有排尿反应，且穿刺疝囊能抽出大量尿液，也能确诊。
X线检查可用于本病的辅助诊断，如果疝内容物是直肠或前列腺等，
X线影像显示疝囊呈较低或中等密度阴影，积粪的直肠向疝囊方向偏
移（图265、图266）。采用B超检查，B超声图像显示积聚尿液的膀胱
呈典型的无回声区。

【防治措施】本病应施行手术治疗。术前禁食或灌肠，全身麻醉，
胸卧位保定并保持前低后高姿势，尾巴拉向背侧；疝囊局部常规消毒，
自尾根外侧至坐骨结节弧形切开皮肤并向内分离，充分显露并辩认疝
内容物；如疝内容物为膀胱，在抽出尿液待其缩小后送回原位；如疝
内容物为直肠、直肠憩室或囊肿，先将直肠憩室或囊肿分别结扎切除，
修复直肠并复位；依次缝合尾肌与肛外括约肌、闭孔内肌与肛外括约

肌、闭孔内肌与尾肌；然后冲洗术部，常规闭合皮下组织与皮肤切口（图267至 图278）。

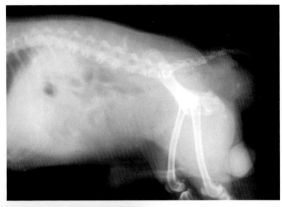

图265　犬会阴疝X线检查

图263病例：X线摄片显示疝囊为软组织低密度阴影，睾丸为较高密度阴影；手术证实疝内容物为前列腺，一侧睾丸发生肿瘤。（周方军）

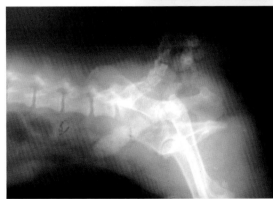

图266　犬会阴疝X线检查

图264病例：X线摄片显示直肠偏移，疝囊内有粪便阴影，会阴部肿胀。（周方军）

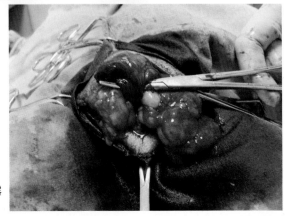

图267　犬会阴疝修复术

图263病例：手术切开显露内容物为前列腺。（周庆国）

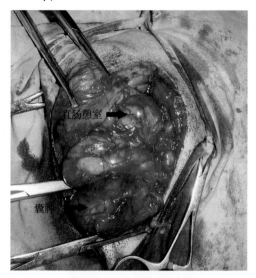

直肠憩室 →

囊肿 →

图268　犬会阴疝修复术

图264病例：手术切开显露内容物为直肠憩室和直肠壁囊肿。（周庆国）

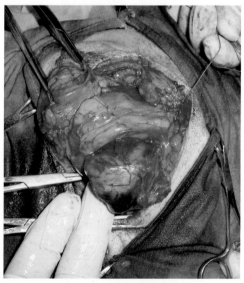

图269　犬会阴疝修复术

图264病例：分离、结扎和切除下方囊肿。（周庆国）

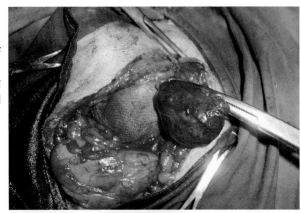

图270 犬会阴疝修复术

图264病例：分离、结扎和切除上方憩室。（周庆国）

图271 犬会阴疝

肛门右侧下方出现两个不同大小的肿胀，触之有一定弹性。（周庆国）

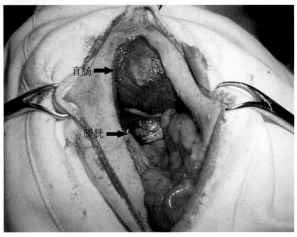

直肠

膀胱

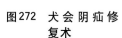
图272 犬会阴疝修复术

图271病例：手术切开显露内容物为直肠和膀胱，抽出膀胱尿液后膀胱显著缩小。（周庆国）

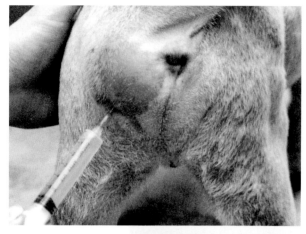

图273　犬会阴疝修复术

肛门左侧出现圆形肿胀，可抽出尿液。(周庆国)

图274　犬会阴疝修复术

切开皮肤后，显露内容物为膀胱。(周庆国)

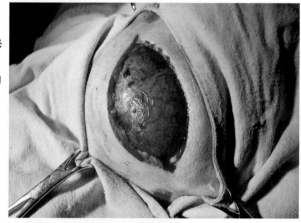

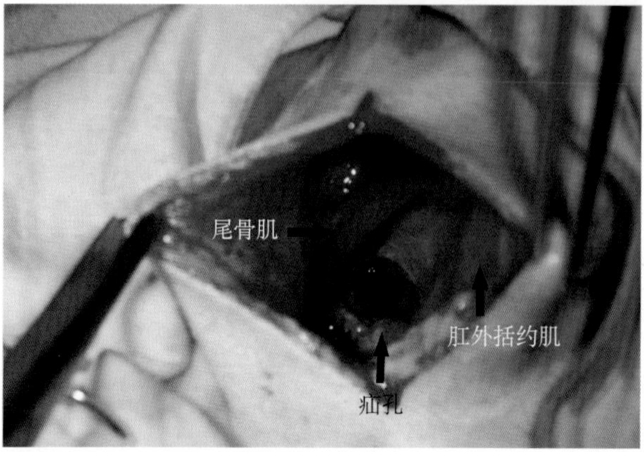

尾骨肌

肛外括约肌

疝孔

图275　犬会阴疝修复术

抽出膀胱尿液后容易将其复位，显露盆隔破裂孔。(周庆国)

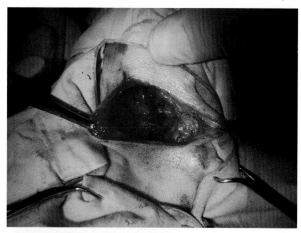

图276 犬会阴疝修复术

将尾骨肌与肛外括约肌自上而下缝合，但不能完全封闭盆隔破裂孔。(周庆国)

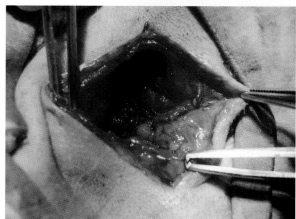

图277 犬会阴疝修复术

分离闭孔内肌并将其上翻，分别与肛外括约肌、尾骨肌缝合，将盆隔破裂孔完全封闭。(周庆国)

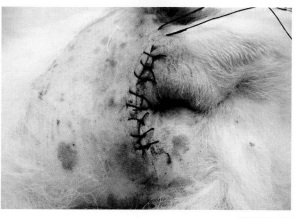

图278 犬会阴疝修复术

连续缝合皮下组织，常规闭合皮肤切口。(周庆国)

【诊疗注意事项】①修复手术后对患犬施行去势术，有利于防止本病复发。②术后2～3天禁食不禁水，给予营养支持并预防感染。③术后4～6周适量饲喂，减少排便困难。

脓 皮 病

脓皮病是犬皮肤的一种化脓性细菌性感染，也是犬经常发生的瘙痒性皮肤病。它实际上包含一组疾病：皮肤皱褶性皮炎、浅表脓皮病（又称为浅表细菌性毛囊炎）、幼犬脓疱病、急性湿性皮炎、趾间脓皮病、深层脓皮病、皮下脓肿和细菌性肉芽肿等。

【病因】犬的脓皮病是因细菌在皮肤内繁殖造成的，大多数患犬的唯一病原是对犬有特异性的凝固酶为阳性的中间型葡萄球菌，而金黄色葡萄球菌、表皮葡萄球菌、化脓性杆菌、奇异变形杆菌等不是主要病原，但有时可在病灶内分离到。

【典型症状】浅表性脓皮病主要表现为丘疹、脓疱和瘙痒，常出现在腹部、腹股沟和腋下。当脓疱开始痊愈时，其基底部变得干燥，周围以痂皮覆盖，形成粟粒样红疹圈，中心常有色素沉着，局部瘙痒或不痒（图279、图280）。深层脓皮病以局部或全身性严重的皮肤损

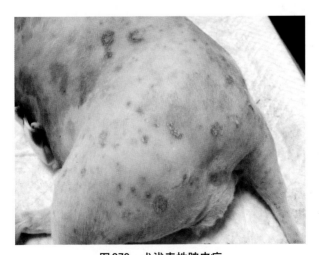

图279 犬浅表性脓皮病

背部皮肤表面有大量丘疹和脓疱。（周庆国）

害为特征，主要表现为皮肤深层的炎性水疱或脓疱，自发破溃后流出血性或脓性液体，局部瘙痒或疼痛（图281）；严重的患犬精神沉郁，食欲减退等。

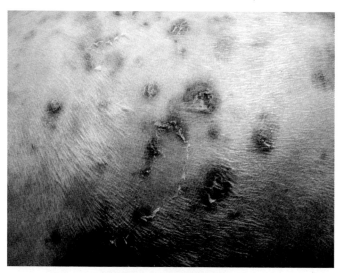

图280　犬浅表性脓皮病

皮肤浅表的脓疱干枯，形成粟粒样红疹圈，中心常有色素沉着。（周庆国）

图281　犬深层脓皮病

化脓性损害至皮肤深层，有多量的脓性渗出物。（杨其清）

【诊断要点】①根据症状可以作出初步诊断，如果皮肤深层有化脓病灶，其病灶周围可见脱毛、色素沉着等病变，有时还伴有皮脂漏症；②取病灶化脓性渗出物直接涂片、细菌培养或活组织检查，可确定病因（图282）。

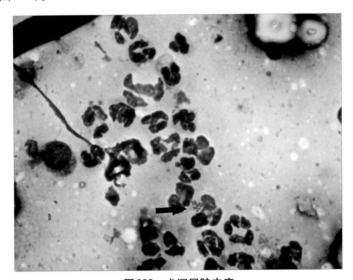

图282　犬深层脓皮病

皮肤细胞学检查：可见吞噬细菌的中性粒细胞。(Diff-Quick染色，张丽)

【防治措施】局部用药可用温和的抗菌香波、软膏和洗剂，其中抗菌性香波对所有脓皮病效果可靠，在治疗初期能够起到清除碎屑、脓液、痂和细菌的良好作用。全身治疗可选用美国辉瑞公司的"速诺"注射剂（含阿莫西林和克拉维酸），对犬皮肤及软组织的细菌混合感染有显著疗效。头孢菌素类（头孢氨苄和头孢羟氨苄）对中间葡萄球菌不会产生耐受性，在治疗感染性皮肤病时常用。也可应用林可霉素或效果良好的奥美普林和磺胺地索辛等。如在细胞学检查中发现两种或两种以上细菌，预示着可能出现耐药菌，必须做药敏试验，根据药敏结果选用抗生素。

【疹疗注意事项】①浅表脓皮病表现项圈样红疹，应注意与真菌感染的圆形红斑区别。②本病疗程一般在4～6周，严重的深层脓皮病需要治疗8～10周，直至治愈。③为了应对细菌耐药性，最好依据药敏实验结果选用抗生素。④本病疗程较长，应以口服药为主；但严重感染可在治疗初期肌内注射抗生素3~5天，以尽快控制感染。⑤对于严重感染或反复感染的病例需要考虑是否存在潜在疾病。

真菌性皮肤病

真菌性皮肤病主要包括两类：皮肤癣菌病和马拉色菌感染。前者由真菌菌丝引起毛发、爪或角质层感染，后者会损坏毛囊引起结痂、脱毛和瘙痒。

【病因】

1.皮肤癣菌病　主要病原为小孢子菌和须毛癣菌，菌丝侵入可引起皮肤的炎症和过敏反应。长期使用抗生素、不合适的香波，都会减少竞争黏附部位的有益菌菌群，增加易感动物的发病率。

2.马拉色菌感染　厚皮马拉色菌是一种亲脂性的酵母菌，属于犬皮肤正常菌群，常和中间型葡萄球菌一起存在。皮肤微生态发生变化或免疫调节失常时，马拉色菌会在角质层内大量繁殖和过度增生，引发皮炎和剧烈瘙痒。

【典型症状】

1.皮肤癣菌病　发生局灶性或多灶性脱毛，圆形红斑从绿豆到硬币大小，表面散布鳞屑和痂，与周围健康部位有明显界限。病灶周围有损坏、枯萎变形的被毛，病灶沿中心向周围扩展或由中心开始愈合（图283）。本病瘙痒一般不明显，但继发细菌（特别是葡萄球菌）感染时常引起瘙痒，可形成结节样、较深的化脓性炎性病灶，称为脓癣。

2.马拉色菌感染　原发性病灶主要为全身或局部性红斑丘疹，继发性病灶表现为油腻的皮脂痂、弥散性脱毛；慢性感染会出现色素沉着过度及苔藓样变，病灶较易出现在身体腹侧（颈、腋窝、腹部、腹股沟）及肛周区，其他易受感染的部位有面部（耳、唇、嘴角）及四肢（大腿内侧和末端）。患犬常散发出刺鼻的脂肪酸腐败气味，表现剧烈瘙痒。

【诊断要点】①依据病史、典型症状和实验室检查进行确诊，其中病史提示患犬是否接触过其他患病动物或人；②采集患病部位的被毛或皮屑直接镜检、伍德氏灯检查或作真菌培养，有助于确定病原（图284至图286），但伍德氏灯只对犬小孢子菌呈阳性反应。

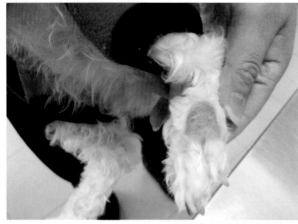

图283 犬真菌性皮肤病

肢体下部皮肤的圆形脱毛红斑。（杨其清）

图284 猫真菌性皮肤病

伍德氏灯下患病部位荧光反应阳性。（张丽）

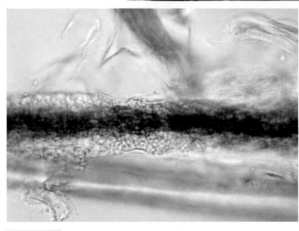

图285 犬真菌性皮肤病

皮肤刮削物内的真菌孢子。（张丽）

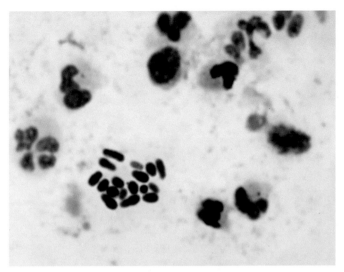

图286　犬真菌性皮肤病

外耳道分泌物涂片镜检：马拉色菌呈单极出芽生殖方式，如花生形状或葫芦状。(Diff—Quick染色，张丽)

【防治措施】一般采取局部治疗，但辅以全身治疗的效果更好。局部可使用抗细菌和抗霉菌性香波和洗剂，每周2～3次，连用2周，然后减少为每周1次，直至治愈。全身用药如灰黄霉素、咪康唑、酮康唑、特比萘酚等是治疗真菌性皮肤病的有效药物，治疗过程应持续3～10周，定期检查以观察疗效。注意酮康唑对猫的毒性大，不建议在猫上应用。

【诊疗注意事项】①定期使用抗细菌和抗霉菌性香波和洗剂能有效防止复发。②治疗失败多是由于没有严格按照标准的治疗方案进行治疗。

蚤　病

犬的蚤病是由犬、猫栉首蚤寄生于犬体表或被毛间，引起主要以瘙痒和过敏性皮炎为特征的一种皮肤疾病。

【病因】雌蚤在地面或宠物被毛上产卵，卵从被毛上落地后，在适宜环境中经18～21天，即由幼蚤、结茧化蛹至发育为成蚤。犬通过直接接触或到有跳蚤的地方活动而发生感染。

【典型症状】犬栉首蚤多寄生于犬腰背部、尾根部、腹后部和四肢内侧（图287）。蚤通过叮咬和分泌毒素，引起皮肤剧烈瘙痒，患犬搔抓、啃咬，引起急性散在性皮炎斑，局部脱毛、增厚和形成有色素沉着的皱襞（图288）。

图287　寄生于犬被毛间的犬栉首蚤

（张浩吉）

图288　跳蚤感染引起过敏性皮炎

（杨其清）

【诊断要点】仔细检查患犬，可在其被毛间发现蚤或在被毛根部发现呈煤焦样颗粒的蚤的粪便。

【防治措施】简单经济的除蚤方法是给犬戴上除蚤颈圈，预防作用持续3～4个月，但一般适用于小型犬。法国梅里亚公司的"福来恩"喷剂或滴剂能迅速杀灭跳蚤，有效阻断跳蚤生活史，使用喷剂后于4小时内，或使用滴剂后12～18小时即可杀灭100%的跳蚤，使用方便、安全、药效可持续2～3个月，并且药效不受洗澡和下雨等影响。对出现严重瘙痒的患犬可使用糖皮质激素如泼尼松，如继发脓皮病时则需要使用抗生素和抗菌香波。

【诊疗注意事项】①跳蚤是犬复孔绦虫的传播媒介或中间宿主，在除蚤的同时也要使用驱绦虫药。②市售的宠物浴液大多具有一定的除蚤作用，但不能预防跳蚤再次感染。③根治本病须治理养犬环境，注重对犬舍和用具的清洁工作。

蠕 形 螨 病

犬的蠕形螨病又称毛囊虫病，是由犬蠕形螨寄生于犬的毛囊和皮脂腺内，引起大量脱毛、皮屑和瘙痒的一种常见而又顽固的皮肤疾病。

【病因】正常犬的皮肤上常带有少量蠕形螨，但不表现临床症状。出生幼犬在哺乳期间与母犬腹部接触是感染蠕形螨的主要方式，当皮肤损伤、体表不洁、免疫抑制、营养不良或内分泌紊乱时，常诱发蠕形螨大量繁殖而引起本病。

【典型症状】局灶性蠕形螨病以3～15月龄犬多发，通常表现为眼周、嘴角及前肢等部位的局灶性脱毛、红斑和脱屑，有的病灶呈灰蓝色素沉着，一般不表现瘙痒（图289）。若严重感染治疗不当或不予治疗，可发展为全身性蠕形螨病，轻者体表大面积不规则脱毛、红斑，出现大量鳞屑和蜡状脂膜，散发出难闻的腥臭味（图290）；重者皮肤上出现数量不等的丘疹、结节或脓疱，伴随严重的瘙痒和明显的自我损伤，常继发深层脓皮病、疖或蜂窝组织炎，有的还表现体表淋巴结肿大（图291）。

【诊断要点】病史和临床特征作为初诊依据，观察到患犬皮肤病料中的螨虫而确诊（图292）。采集皮肤病料检查的简单方法：①寻找典

289 犬局灶性蠕形螨病

眼周、嘴角及四肢下部局灶性脱毛和肿胀。（周庆国）

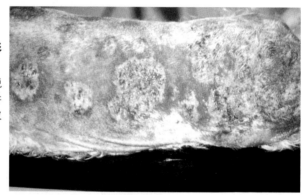

图290 犬全身性蠕形螨病

背部大面积不规则脱毛，产生大量鳞屑，并有继发性点状出血等皮损现象。（杨其清）

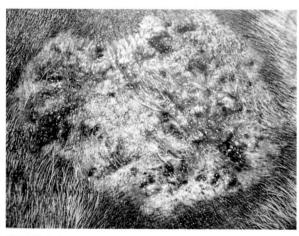

图291 犬全身性蠕形螨病

由蠕形螨病继发的深层脓皮病。（杨其清）

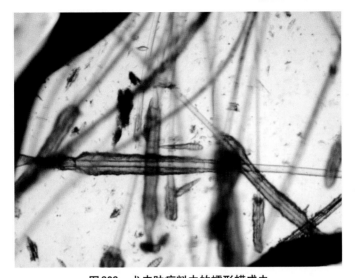

图292　犬皮肤病料中的蠕形螨成虫

蠕形螨成虫呈细长梭形，长0.25～0.3毫米，宽约0.04毫米，明显分头、胸、腹三部分，并有四对短足位于胸下。（张丽）

型丘疹、结节并挤压出渗出物涂片，直接镜检；②在病灶拔出被毛置于玻片上，对毛球周围进行观察。

【防治措施】目前治疗本病的常规方法是皮下注射1%伊维菌素或多拉菌素，剂量为每千克体重0.6毫克；同时可于患部涂擦南京金盾药业公司的消炎杀螨膏或5%甲硝唑硼酸软膏（杨其清等报道），或使用双甲醚全身药浴，均有助于提高疗效。并发细菌感染时，可肌内或静脉给予氨苄青霉素或头孢菌素Ⅴ，剂量按每千克体重50～80毫克。为抑制瘙痒症状，可适当应用泼尼松、扑尔敏等，但不要超过3天。

【诊疗注意事项】①全身脓疱性蠕形螨病的临床症状与疥螨病十分相似，需采集病料镜检以作出诊断。②柯利犬、喜乐蒂犬、老式英国牧羊犬及它们的杂交犬禁用伊维菌素或多拉菌素。③治疗中给予全价营养，有助于提高疗效。④为防止新生幼犬感染，不宜将全身性蠕形螨病的母犬留作种用。⑤蠕形螨的全身感染与犬的自身免疫异常有关，对于成年犬全身感染的病例需要寻找潜在病因并给予治疗，否则难以彻底治疗蠕形螨。

疥 螨 病

犬的疥螨病是由犬疥螨寄生于犬皮肤内，引起以皮肤剧烈瘙痒、出现红斑和丘疹为特征的一种严重且常见的皮肤疾病。

【病因】成熟的雌螨在犬表皮深层挖掘隧道产卵，虫卵经2～3周完成经幼虫、若虫和成虫的发育，并可由通向体表的纵向通道爬出。犬通过直接接触或接触各阶段发育螨污染的用品而造成感染。

【典型症状】病变多起始于耳郭、四肢肘部或跗关节、口、鼻梁、颊部及腋间等处，后遍及全身。病初皮肤发红，出现丘疹，进而形成水疱，破溃后流出黏稠黄色油状渗出物，干燥后形成鱼鳞状黄痂，患部皮肤增厚、变硬、龟裂等。由于皮肤奇痒，患犬常搔抓、啃咬或在地面及各种物体上摩擦患部，从而表现出不规则的严重脱毛、色素沉着、苔藓样变、鳞屑形成、皮脂溢以及脓皮病特点。

【诊断要点】①依据皮肤病变与剧烈瘙痒，可初步怀疑为本病；②确诊需要在健康皮肤和病变皮肤交界处或皮疹处刮取皮屑，将其置于载玻片上滴加1～2滴50%甘油水溶液，使皮屑散开，再加盖玻片镜检，若发现犬疥螨或疥螨卵即可作出诊断（图293、图294）。

【防治措施】治疗时先对患部剪毛，用温肥皂水刷洗患部，除去污垢和痂皮，然后涂擦消炎杀螨膏、硫黄软膏或用复方蝇毒磷乳油、双甲脒或诺华螨净等按规定比例稀释后洗浴；配合皮下注射1%伊维菌素或多拉菌素每千克体重0.2～0.3毫克，7～10天后重复用药。而对柯利犬、喜乐蒂犬、老式英国牧羊犬及它们的杂交犬，最好选用美国辉瑞公司的"大宠爱"（赛拉菌素）滴剂治疗则十分安全。继发脓皮病后，应给予抗生素治疗。

【诊疗注意事项】①疥螨感染病灶多位于耳郭边缘和骨隆起的地方，特别是肘和后踝，其次是胸部和腹部的腹侧，背中线一般不受影响。②有不少病例进行皮屑检查难以发现疥螨或虫卵，一般可依据临床症状及药物疗效作出诊断。③柯利犬、喜乐蒂犬、老式英国牧羊犬及它们的杂交犬禁用伊维菌素或多拉菌素。④隔离感染犬，对养犬环境使用体表药浴后的药液喷洒。⑤犬疥螨也可感染人，在问诊时可问及主人是否有相类似的症状，从而有助于做出诊断。

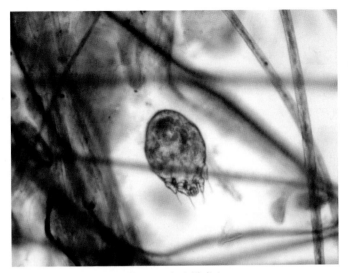

图293　犬疥螨成虫

成螨呈圆形或龟形，背面隆起，腹面扁平且有四对足。（张丽）

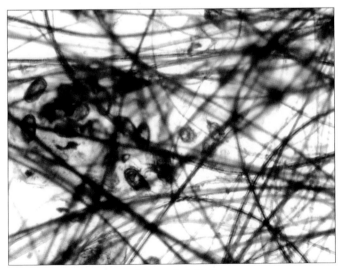

图294　犬疥螨卵

虫卵呈椭圆形，大小约150微米×100微米。卵经幼螨、若螨和成螨几个阶段，通常在2～3周完成全部发育过程。（张丽）

姬 螯 螨 病

姬螯螨病又称为移行性皮脂溢性皮炎，是由寄生于犬被毛和皮肤上的姬螯螨引起的一种不很常见的皮肤病，以形成过多的皮屑为特征。

【病因】主要由雅氏姬螯螨寄生所引起，其他种属的姬螯螨也可能感染犬，如分别寄生于兔和猫的寄食姬螯螨和布氏姬螯螨，它们可能造成犬的暂时性感染。

【典型症状】姬螯螨寄生于被毛或皮肤表面的细胞碎屑内，导致皮屑（鳞屑）过多形成；皮屑呈粉末样或粗粉状，以背中线上最多。通常可表现轻度的瘙痒。

【诊断要点】①依据症状特点可怀疑本病；②确诊本病需取皮屑做病原检查，注意观察姬螯螨的口器终端有明显的小钩（图295）。

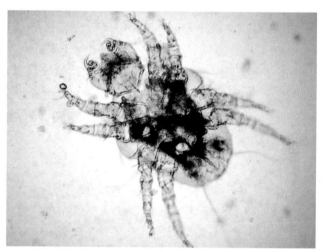

图295　姬螯螨

皮肤刮取物内的姬螯螨，其一生所有阶段都在宿主身上度过，一般为21天。（杨其清）

【防治措施】治疗可参考疥螨病。使用针对性抗皮脂溢的宠物香波洗澡，能提高疗效。

【诊疗注意事项】①本病以幼年犬的症状比较严重，一般先见于臀部，然后向头部和背部扩散。②成年犬可能是无症状携带者。

耳 痒 螨 病

犬的耳痒螨病是由犬耳痒螨寄生于犬的外耳道内，引起外耳道剧烈瘙痒和炎症的常见耳病或耳郭皮肤病。

【病因】耳痒螨的整个生活史都在耳郭内皮肤表面完成，因刺激耳脂分泌和淋巴液外渗，引起剧烈痒感。犬通过直接接触发生感染，而哺乳期则是幼犬感染的重要时期。

【典型症状】犬耳痒螨的感染率虽然较高，但只有少数发生耳痒螨病。轻度感染的病变主要见于外耳道内，严重感染时还会在头部、背部和尾部发现耳痒螨寄生。临床常见耳道内有灰白色沉积物，患犬不时有摇头、抓耳或在物体上摩擦耳部的表现，常引起耳血肿或耳郭皮肤损伤。耳道内继发细菌感染时，可引起化脓性外耳炎。

【诊断要点】①依据患犬摇头、抓耳的临床表现和外耳道内异常，应怀疑为本病；②取外耳道内刮取物置玻片上，滴加50%甘油水溶液或10%氢氧化钾溶液加盖片镜检，发现活动的螨虫虫体即可确诊（图296）。

【防治措施】先向耳内滴入石蜡油，轻轻按摩，以溶解并清除外耳

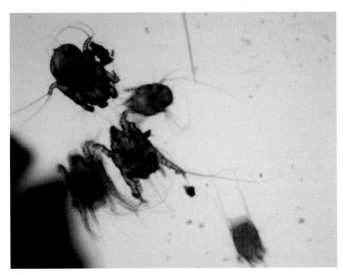

图296　犬耳痒螨

（张丽）

道内的痂皮，再将"福来恩"喷剂喷至耳郭内侧皮肤上，轻揉耳道，连用数次，疗效可靠；同时可使用1%伊维菌素或多拉菌素，按每千克体重0.2～0.3毫克的剂量皮下注射。为消除耳道内细菌感染，可全身应用氨苄青霉素或头孢菌素，同时配合应用适量的地塞米松，能有效地减轻和改善症状。

【诊疗注意事项】①耳痒螨病和细菌性外耳炎是临床常见的外耳道疾病，具有比较相似的临床症状，诊疗中应注意区别。②对伊维菌素或多拉菌素敏感的柯利犬等，可选择美国辉瑞公司的"大宠爱"（赛拉菌素）滴剂，疗效可靠且安全。

蜱　病

　　犬的蜱病是由多种硬蜱寄生于犬体表，引起以瘙痒、皮炎及严重贫血为特征的较为严重且常见的皮肤疾病。常见的硬蜱包括血红扇头蜱、二棘血蜱、长角血蜱、微小牛蜱等。

　　【病因】环境中的蜱卵经一定时期孵出幼虫后，需在动物体表寄生吸血才能蜕皮发育为若虫、成虫。健康犬进入蜱污染的环境或与感染犬直接接触造成感染。

　　【典型症状】少数蜱的叮咬，犬一般不表现临床症状，但如寄生于趾间可引起跛行。当体表寄生蜱的数量增多时，即会引起患犬痛痒和烦躁不安等症状，甚至引起贫血、消瘦、生长发育不良。由于患犬摩擦、搔抓蜱叮咬处，常造成患部破损、出血和细菌感染。

　　【诊断要点】在犬体表发现蜱的幼虫、若虫和成虫，即可作出诊断（图297、图298）。若对寄生蜱种类进行鉴定，通常选择雄蜱并根据其背面盾板的大小进行鉴定。

　　【防治措施】如体表寄生蜱数量不多，直接用镊子垂直拔除并处死。法国梅里亚公司的"福来恩"滴剂或喷剂驱杀体表寄生蜱的效果十分显著，用药24～48小时内即可杀灭90%以上，并有长达1个月的保护效果。为杀灭受虫卵保护而新孵化出的幼虫，可使用1%伊维菌素或多拉菌素每千克体重0.2～0.3毫克，皮下注射，并于7～10天后重复用药。

　　避免犬在蜱滋生地活动或采食，同时给犬佩带除虫项圈也有一定

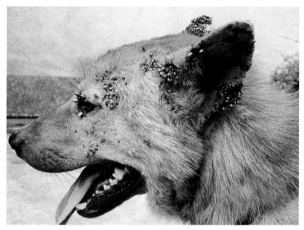

图297　犬硬蜱病

大量硬蜱寄生于犬头部。（周庆国）

图298　犬硬蜱病

从犬皮肤上取下的硬蜱，其中雌蜱吸血后显著膨胀，如蓖麻子样。（周庆国）

的预防效果。

　　【诊疗注意事项】①蜱是犬埃里希氏体病和巴贝斯虫病的重要传播媒介，诊疗中注意观察和诊断是否已发生相关感染。②对伊维菌素或多拉菌素敏感的柯利犬等，尽量避免使用。

遗传性过敏性皮炎

遗传性过敏性皮炎，又称特异性皮炎，是犬对环境中的过敏原做出的Ⅰ型过敏反应。

【病因】本病是动物受遗传基因的影响而对外界过敏原表现出来的相对敏感，所以具有一定的品种遗传性。在世界范围内，犬特异性皮炎最主要的致敏原可能是室内尘螨，其他致敏原还包括花粉、草皮、野草、树木、霉菌、昆虫、羊毛、羽毛、木棉、烟草等。

【典型症状】本病多发于6月龄至3岁犬，通常有季节性和周期性。引人注意的是瘙痒，患犬常舔咬脚爪、腹股沟、腹侧、腋下等部位，也常在地毯、家具等处蹭其面部。在舔咬处及外耳部、上眼睑和会阴等部位常有红斑和疼痛，由于自我损伤和细菌感染，常见继发性皮肤病变，如唾液黏附、脱毛、表皮脱落、鳞屑、结痂、色素沉着过度和脓皮病等（图299至图302）。

图299　犬遗传过敏性皮炎

眼周和唇部出现红斑。（杨其清）

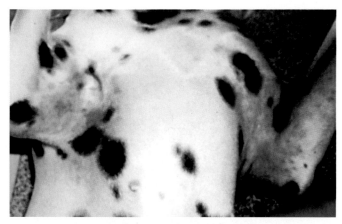

图300　犬遗传过敏性皮炎

两侧腋下出现红斑。（杨其清）

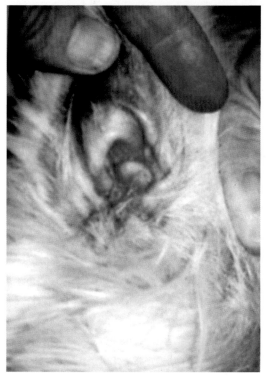

图301　犬遗传过敏性皮炎

耳郭内侧出现红斑。（杨其清）

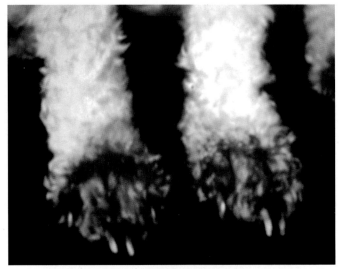

图302　犬遗传过敏性皮炎

指（趾）端色素沉着过度。（杨其清）

【**诊断要点**】依据以下的病史和症状特点进行诊断：①出现症状的年龄在1～3岁；②逐渐出现瘙痒，特别是在面部（摩擦）和肢端（舔、啃）；③以面部红斑（眼周、口唇和下巴周围）、肢端脱毛和色素沉着过度为主；④外耳炎；⑤症状呈季节性加重；⑥与草地接触时症状加重。

【**防治措施**】采取清除环境中的过敏原和对症治疗原则。清除室内的尘螨和使用抗过敏香波等，有助于减轻或控制过敏症状。常用的抗过敏药物有皮质类固醇和扑尔敏等抗组胺药，两者有协同作用，但不宜长期使用。继发细菌感染时，应使用抗生素2～4周，具体可参考脓皮病的治疗。

【**诊疗注意事项**】①皮肤过敏试验有助于比较准确地找到过敏原，为诊断和免疫治疗提供依据。②治疗中宜隔天口服短效皮质类固醇为好，若使用长效皮质类固醇或长期使用皮质类固醇，要及时评估其副作用。③必要时采取特异性脱敏疗法，用已知或可疑过敏原少量行皮内或皮下注射，并逐渐增加剂量；一般每周注射1次，持续注射3～6个月或更长时间，以达到脱敏目的。

食物过敏性皮炎

食物过敏性皮炎是指因摄食某种食品或食品添加剂而发生的一种免疫介导性不良反应。

【病因】引起犬过敏的食品原料可能包括牛肉、牛奶、羊肉、鸡蛋、禽产品、小麦、大豆等，致敏原通常是食物中18 000 ~ 36 000D的糖蛋白，其引起的过敏反应可能是Ⅰ型、Ⅲ型或Ⅳ型几种。

【典型症状】患犬在表现临床症状前，可能饲喂含刺激性抗原的原料2年或更长时间。临床特点是无季节性的局部或全身瘙痒，一般可涉及耳部、指（趾）端、腹股沟或腋下、面部、颈部和会阴部，皮肤病变为瘙痒、红斑、丘疹性皮炎，容易继发外耳炎、浅表性脓皮病或马拉色菌性皮炎（图303至图306）。此外，偶见出现腹泻、呕吐、打喷嚏、哮喘、癫痫和行为异常等症状。

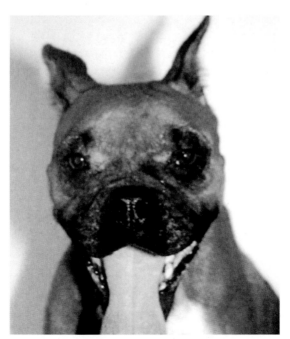

图303　犬食物过敏性皮炎

两眼周围脱毛。（杨其清）

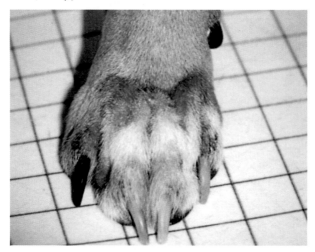

图304　犬食物过敏性皮炎

爪部脱毛、红斑及唾液黏附。（杨其清）

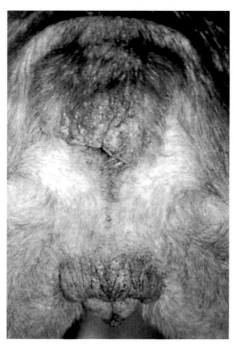

图305　犬食物过敏性皮炎

肛门周围脱毛和苔癣化。（杨其清）

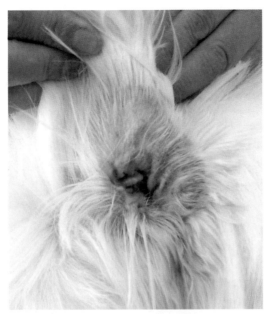

图306　犬食物过敏性皮炎

耳郭内侧出现红斑和化脓。（杨其清）

【诊断要点】依据以下的病史和症状特点进行诊断：①不受季节影响的、突发性或渐进性的、不同程度的常年瘙痒；②做食品排除试验，即试验前先将所有的原发性皮肤病（如跳蚤过敏）和继发性皮肤病（如皮肤感染）进行治疗或排除，然后饲喂仅含一种蛋白质和一种碳水化合物的自制均衡食物，或饲喂商品性低敏处方食品。对食物过敏的患犬一旦排除食物致敏原，临床症状将会明显减轻或改善，若进行过敏原的检测，更加准确、快速。

【防治措施】选择商品化低敏处方食品喂犬是最佳选择，如法国皇家宠物低过敏处方食品（DR21）或控制过敏处方食品（SC24）均含有丰富的 Ω-3长链脂肪酸和大量的生物素、烟酸、泛酸和锌-亚油酸复合物，不仅能有效地减轻过敏反应，而且有助于促进皮肤健康和被毛光亮。在饲喂处方食品的同时，应当对并发或继发的其他疾病进行治疗。

【诊疗注意事项】①排除引起致敏的病因。②如果应用皮质类固醇治疗，应注意调整用药时间和用量。

原发性脂溢性皮炎

原发性脂溢性皮炎又称为先天性遗传性皮脂溢，是由皮肤基底层细胞活性异常而引起的一种皮肤病。

【病因】本病被认为是基因缺陷，因上皮和毛囊的基底层细胞活性增强，导致细胞分裂时间缩短，细胞的更替加快使黏附的角质层鳞片大量脱落，并伴随脱毛与皮脂溢出。

【典型症状】患犬一般较年轻，表现为皮肤产生大量鳞屑、异味或油样物质（皮脂溢出），有不同程度的瘙痒（图307）。鳞屑主要集中于躯干部，有时也呈全身性。除非继发脓皮病，一般不会出现丘疹和脓疱。

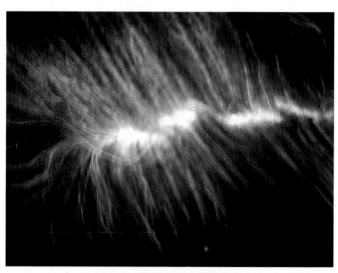

图307　犬原发性脂溢性皮炎
患犬被毛间有大量皮屑。（杨其清）

【诊断要点】根据临床症状可初步诊断。需要鉴别诊断的疾病有浅表性脓皮病、马拉色菌皮炎、姬螯螨病、蠕形螨病、疥螨病、甲状腺机能减退和鱼鳞病等，这些疾病均可引起继发性脂溢性皮炎。

【防治措施】重点纠正角质化异常过程和减轻临床症状。使用抗皮脂洗毛香波洗浴，每周1～2次，以除去皮肤表面的大量鳞屑和皮脂，抑制不良气味、减轻炎症和瘙痒。维生素A制剂有减少角质增生、分化和脱屑的作用，口服剂量为8 000～10 000国际单位，每天2次。苯壬同烯酯对本病有较好的疗效，口服剂量为每千克体重1毫克，每天2～3次；连续用药1周应停药1周，可按此种给药间隔继续治疗。

【诊疗注意事项】①该病具有明显的品种倾向，美国可卡犬、巴吉度猎犬、杜宾犬、拉布拉多犬、爱尔兰长毛犬、迷你雪纳瑞犬、腊肠犬、沙皮犬等多发本病。②原发性脂溢性皮炎不可能一次治愈。

甲状腺机能减退

甲状腺机能减退是指甲状腺激素合成和分泌不足而引起的全身代谢减慢的症候群，临床以容易疲劳、皮肤增厚、脱毛和繁殖机能障碍为特征。

【病因】常因淋巴细胞性甲状腺炎或特发的甲状腺萎缩引起原发性甲状腺机能障碍，90%以上的患犬与以上因素有关。本病多发于杜宾犬、比格犬、拉布拉多犬、腊肠犬等，其中以中年至老年犬的发病率最高。继发性甲状腺机能减退可因垂体或下丘脑病损和机能异常，导致促甲状腺激素释放激素、促甲状腺激素相继分泌或排放减少而引起。

【典型症状】主要表现为全身对称性脱毛和色素沉着，以躯干部最为明显，而头部和四肢末端除外。随着脱毛面积扩大，被毛干燥易断，新毛多不再生或生长缓慢；皮肤干燥或油腻（脂溢性皮炎），皮温较低（图308、图309）。有的患犬皮肤黏蛋白沉积（黏液性水肿），特别是面部和前额皮肤皱褶增厚，呈现出悲伤的表情（图310）。如果出现瘙痒，可能继发了脓皮病、马拉色菌或蠕形螨感染（图311）。患犬嗜睡，反应迟钝，体重增加。

【诊断要点】依据症状特点可怀疑本病，但确诊需进行实验室检验。患犬轻度贫血，胆固醇升高，总甲状腺素（TT_4）和游离甲状腺素（FT_4）降低，促甲状腺素（TSH）升高，高度提示甲状腺机能减退。

【防治措施】投服左旋甲状腺素（商品名：优甲乐、特洛新），剂量为每千克体重20微克，每天2次，疗程为8～16周。应用甲状腺素

图308　犬甲状腺机能减退

躯干部对称性脱毛。（杨其清）

图309　犬甲状腺机能减退

干性或油性脂溢性皮炎。（杨其清）

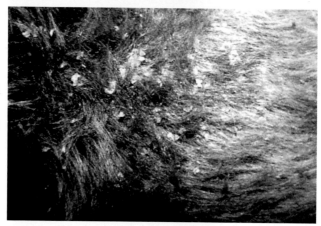

图310　犬甲状腺机能减退

因皮肤黏蛋白沉积而表现悲伤的表情。（杨其清）

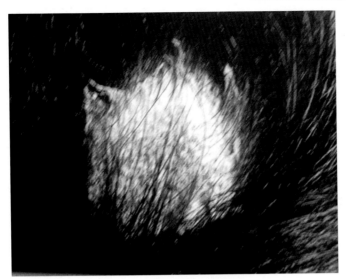

图311　犬甲状腺机能减退
继发浅表性脓皮病。（杨其清）

治疗最快3周见效，有时需3个月见效，脱落的被毛可在4～6个月内全面再生。在用激素治疗过程中，应选用适宜宠物香波洗澡，同时对继发的脓皮病、马拉色菌感染、脂溢性皮炎及蠕形螨等进行局部和全身性治疗。

性激素性皮肤病

　　性激素性皮肤病是一种少见的内分泌性疾病，以躯干部双侧对称性脱毛为主要特征。中老年犬的发生率最高。

　　【病因】公犬雄激素或母犬雌激素分泌过多或不足都可能引起本病，如公犬隐睾、睾丸发育不良是公犬的主要病因，而卵巢囊肿、卵巢肿瘤或过多使用外源性雌激素则是母犬发病的主要病因。

　　【典型症状】公犬颈部、躯干部、肋腹部、臀部和会阴部呈双侧对称性脱毛，皮肤色素沉着，可伴有乳腺发育、乳头黑色、包皮下垂、前列腺增生或前列腺脓肿等（图312、图313）。有的患犬继发脂溢性皮炎或浅表脓皮病，或有异常的性兴奋或性行为表现。母犬的脱毛特点

图312　犬性激素性皮肤病

颈部、躯干部、肋腹部双侧对称性脱毛。（杨其清）

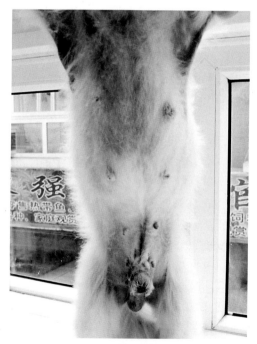

图313　犬性激素性皮肤病

腹下对称性脱毛及色素沉着。（杨其清）

与公犬类似，还表现乳腺增大和外阴肥大，或出现发情周期异常、假孕期延长和慕雄狂等。

【诊断要点】依据症状特点可怀疑本病。诊断方法包括：①检查阴囊和睾丸或乳腺和外阴可能发现异常；②腹部触诊（小型犬）或B型超声检查以诊断卵巢是否增大；③施行绝育术后3～4个月，临床症状改善和被毛再生。

【防治措施】对公犬去势或对母犬施行子宫卵巢切除术是较好的治疗方法。同时针对继发性脂溢性皮炎或脓皮病进行治疗。

【诊疗注意事项】①皮肤组织病理学诊断和性激素检测对本病均无诊断意义。②首先排除其他相似的疾病有助于对本病作出诊断。

锌敏感性皮肤病

锌敏感性皮肤病是指因食物或机体中锌缺乏而表现的一种角化不全性皮肤病，临床上以皮肤局部轻度鳞屑或严重结痂为特征。病灶可波及口周或眼周区域、趾部和生殖器等部位。

【病因】锌是维持表皮完整性、味觉敏锐和免疫稳定的重要成分，原发性或继发性锌不足可以引起本病。食物长期缺锌或钙过量、肠道对锌的吸收能力先天性低下、谷类日粮中的植酸盐干扰锌的吸收等，都可导致机体缺锌。

【典型症状】本病以快速生长的幼龄大型犬多见，主要表现为口、眼、耳、阴囊、包皮或外阴等部位发生脱毛、红斑、结痂和磷屑，爪垫角化过度和裂开，严重的皮肤损害部位可能是糜烂和溃疡（图314、图315）。

【诊断要点】①依据食物来源和组成分析缺锌的可能性；②皮肤活组织镜检特点为弥散性表皮和毛囊角化不全；③血清锌浓度降低。

【防治措施】每天口服硫酸锌或蛋氨酸锌，剂量分别为每千克体重10毫克或1.7毫克，能缓解和改善症状。

【诊疗注意事项】①本病常继发细菌和马拉色菌感染，应予以鉴别和治疗。②患犬可能表现精神沉郁、食欲减退、淋巴结肿大、肢体末端浮肿等症状，应在补锌基础上对症治疗。

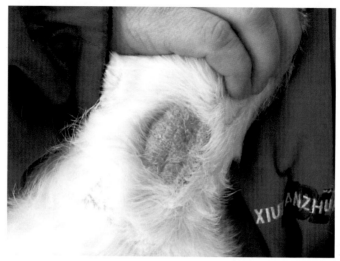

图314　犬锌敏感性皮肤病

患犬颈侧脱毛、红斑和结痂。（杨其清）

图315　犬锌敏感性皮肤病

患犬口角脱毛和结痂。（杨其清）

附　　录

中国农业大学教学动物医院诊疗收费价目表

中国农业大学教学动物医院诊疗收费价目表（一）

分类	收费项目	计价单位（只）	犬收费标准（元）	猫收费标准（元）	备注
门诊	挂号费(门诊)	次/只	20.00	20.00	门诊：8：30—16：30 夜诊：16：30—22：00
	挂号费(简易门诊)	次/只	10.00	10.00	
	挂号费（夜诊）	次/只	30.00	30.00	
	诊断费（门诊/夜诊）	次/只	50.00	50.00	
	专家会诊	次/只	300.00	300.00	
检查费用	心电图	次/只	200.00	200.00	
	测血压	次/只	50.00	50.00	
	测眼压	次/眼	50.00	50.00	
	眼底检查	次/眼	80.00	80.00	
	角膜荧光素染色	侧/只	50.00	50.00	
	内窥镜检查	次/只	300.00	300.00	不含麻醉
注射针灸	皮下/肌内注射	次/只	5.00	5.00	材料费、药费另计
	椎旁多点注射(皮下)	次/只	5.00	5.00	
	静脉注射	次/只	20.00	20.00	
	输液	次/只	52.00	52.00	
	皮下输液	次/只	30.00	30.00	
	静脉留置针放置	次/只	50.00（含留置针，输液费另计）	50.00（含留置针，输液费另计）	

（续）

分类	收费项目	计价单位（只）	犬收费标准（元）	猫收费标准（元）	备注
注射针灸	输液加温器	次/只	5.00	5.00	材料费、药费另计
	输液泵	小时/只	20.00	20.00	
	输液泵	超过3小时	60.00	60.00	
	气管注射	次/只	30.00	30.00	
	穴位注射	次/只	30.00	30.00	
	腹腔注射	次/只	20.00	20.00	
	输血	次/只	100.00	100.00	
	采血	次/只	100.00（超出100毫升后，每毫升加1元）	100.00（超出100毫升后，每毫升加1元）	
	激光穴位照射	次/点	100.00	100.00	
	针灸	次/只	150.00	150.00	
	封闭	点/只	15.00	15.00	
	配药	每瓶	15.00	15.00	
	安乐死	次/只	100.00（小）200.00（中）400.00（大）	100.00	含麻醉和药费
犬的体型分类	小型犬：10千克以下（不含10千克）				
	中型犬：10～25千克(不含25千克)				
	大型犬：25千克以上				

中国农业大学教学动物医院诊疗收费价目表（二）

分类	收费项目	计价单位（只）	犬收费标准（元）	猫收费标准（元）	备注
外科处理	投药	次/只	5.00	5.00	不含麻醉、材料费、药费
	吸氧	小时/只	40.00	40.00	
	急救费	次/只	200.00	200.00	
	小外伤处理	次/只	80.00	80.00	
	中外伤处理	次/只	200.00	150.00	
	大外伤处理	次/只	500.00	300.00	
	换药	次/只	20.00（小伤）40.00（中伤）100.00（大伤）	20.00（小伤）40.00（中伤）60.00（大伤）	
	洗耳	次/耳	50.00	50.00	
	洗耳机清洗耳道	次/只	100.00	100.00	
	剪指（趾）甲	次/只	50.00	50.00	
	剪指（趾）甲（病理）	次/指/只	10.00	10.00	
	挤肛门腺	次/只	30.00	30.00	
	气管插管	次/只	30.00	30.00	
	鼻饲管放置	次/只	200.00	200.00	
	食道饲管放置	次/只	300.00	300.00	
	洗胃	次/只	500.00	200.00	
	导尿	次/只	200.00（公犬）260.00（母犬）	200.00（公猫）300.00（母猫）	
	采集尿样	次/只	30.00（公犬）50.00（母犬）	30.00	
	膀胱尿道冲洗	次/只	100.00	100.00	
	直肠给药	次/只	30.00	30.00	
	灌肠	次/只	150.00（小）300.00（中）500.00（大）	200.00	
	催吐	次/只	60.00	60.00	
	体表肿物穿刺	次/只	50.00	50.00	

（续）

分类	收费项目	计价单位（只）	犬收费标准（元）	猫收费标准（元）	备注
	胸/腹腔穿刺	次/只	50.00	50.00	如需超声引导，另加200/次
	抽/放胸水	次/只	300.00	300.00	
	抽/放腹水	次/只	200.00	200.00	
	抽心包积液	次/只	500.00	500.00	含超声引导
	前列腺囊肿抽吸	次/只	400.00		
	气管灌洗	次/只	300	300	不含麻醉药费
麻醉	手术切口线性阻滞	次/只	60.00	60.00	含药费
	硬膜外麻醉	次/只	150.00	150.00	含药费
	肋间阻滞	次/只	150.00	150.00	含药费
	断指术环形阻滞	次/只	—	60.00	含药费
	睾丸内阻滞	次/只	60.00	60.00	含药费
	口腔阻滞	次/只	60.00	60.00	含药费
	臂神经丛阻滞	次/只	150.00	150.00	含药费
	耳睑神经传导阻滞	次/只	100.00	100.00	
	局部麻醉	次/只	60.00	60.00	含药费
	注射全身麻醉	次/只	100.00	100.00	
	吸入麻醉	小时/只	150.00（小）260.00（中）400.00（大）	200.00	不含诱导麻醉，吸入麻醉药另计
	呼吸机	小时/只	200.00（小）300.00（中）400.00（大）	200.00	药费另计
	麻醉监护	小时/只	200.00	200.00	含药费与微量泵
	疼痛管理1	次/只	300.00	300.00	
	疼痛管理2	次/只	1 000.00	1 000.00	

中国农业大学教学动物医院诊疗收费价目表（三）

分类	收费项目	计价单位（只）	犬收费标准（元）	猫收费标准（元）	备注
生殖泌尿系统手术	去势术	次/只	300.00（小） 400.00（中） 500.00（大）	180.00	不含麻醉，药费另计。病理性去势，另加50%
	阴囊切除术	次/只	200.00	200.00	
	绝育术	次/只	500.00（小） 650.00（中） 900.00（大）	300.00	
	子宫卵巢病理性摘除	次/只	800.00（小） 1 000.00（中） 1 500.00（大）	500.00	不含麻醉，药费另计
	剖腹产术	次/只	800.00（小） 1 000.00（中） 1 500.00（大）	500.00	
	妊娠终止术	次/只	600.00（小） 750.00（中） 1 000.00（大）	400.00	
	助产术	次/只	150.00	150.00	
	子宫冲洗	次/只	200.00	100.00	
	子宫脱整复阴门缝合	次/只	400.00	300.00	
	阴道脱整复阴门缝合	次/只	500.00	300.00	
	阴道增生切除术	次/只	1 000.00		
	阴道内畸形修复术	次/只	600.00		
	直肠阴道瘘修复术	次/只	800.00	800.00	
	肾切开术	侧/只	1 500.00	1 500.00	不含开腹
	肾摘除术	次/只	1 000.00	800.00	
	输尿管异位整复术	次/只	2 500.00	3 000.00	
	输尿管吻合术	次/只	2 500.00	3 000.00	
	输尿管切开术	次/只	1 000.00	1 000.00	
	尿道破裂缝合术	次/只	1 000.00		
	尿道断裂吻合术	次/只	1 500.00		

（续）

分类	收费项目	计价单位（只）	犬收费标准（元）	猫收费标准（元）	备注
生殖泌尿系统手术	尿道切开术	次/处	700.00	800.00	不含麻醉、药费
	阴囊基部尿道造口术	次/只	1 000.00		
	会阴部尿道造口术	次/只	1 400.00	1 500.00	
	前列腺摘除术	次/只	1 200.00（部分）2 500.00（全部）		不含开腹
	腹腔外隐睾摘除术	次/只	400（小）500（中）600（大）	350.00	不分单双侧，单侧时含正常睾丸摘除
	腹腔外隐睾肿瘤摘除术	次/只	400（小）500（中）600（大）	350.00	
	腹腔内隐睾摘除术	次/只	500.00（小）700.00（中）900.00（大）	500.00	含开腹。不分单双侧，单侧时含正常睾丸摘除
	腹腔内睾丸肿瘤摘除	次/只	300.00	300.00	不含开腹
	包皮嵌顿整复术	次/只	200.00		不含麻醉、药费
	包皮嵌顿切开整复术	次/只	500.00		
	包茎矫形术	次/只	700.00		
	阴茎切除术	次/只	1 300.00（小）1 500.00（中）1 800.00（大）		
	膀胱破裂修补术	次/只	600.00	400.00	不含开腹
	膀胱切开术	次/只	700.00（小）1 000.00（中）1 500.00（大）	600.00	含开腹

中国农业大学教学动物医院诊疗收费价目表（四）

分类	收费项目	计价单位（只）	犬收费标准（元）	猫收费标准（元）	备注
眼封闭	上下眼睑封闭	侧/只	100.00	100.00	不含麻醉，药费另计
	自家血眼睑封闭	侧/只	150.00	150.00	
	结膜下注射	侧/只	180.00	180.00	
	颞窝封闭	侧/只	100.00	100.00	
眼科手术	第三眼睑遮盖术	侧/只	300.00	300.00	不含麻醉，药费另计
	第三眼睑腺增生切除术	侧/只	200.00		
	第三眼睑腺增生物分离包埋术	侧/只	500.00		
	第三眼睑腺软骨部分切除术	侧/只	600.00		
	眼球整复及眼睑缝合术	侧/只	400.00	400.00	
	眼球摘除术	侧/只	500.00	500.00	
	眼球眼裂全摘术	侧/只	1 200.00	1 200.00	
	眼睑缝合术	侧/只	200.00	200.00	
	劈睑术	侧/只	300.00	200.00	
	眼睑内/外翻矫正术	侧/只	400.00	300.00	
	眼裂切开术	侧/只	300.00	200.00	
	表层角膜切开术	侧/只	500.00	400.00	
	角膜板层切除术	侧/只	1 000.00	1 000.00	不含麻醉，药费另计
	角膜缝合术	侧/只	1 000.00	1 000.00	
	结膜瓣覆盖术	侧/只	1 000.00	1 000.00	
	皮样囊肿切除术	侧/只	800.00	800.00	
	白内障手术（晶状体摘除术）	侧/只	5 000.00	5 000.00	
	白内障手术（超声乳化）	侧/只	5 500.00	5 500.00	
	白内障手术（晶状体置换术）	侧/只	6 500.00	6 500.00	
	耳血肿切开压迫术	侧/只	600.00	400.00	
	侧耳道切开术	侧/只	1 000.00	600.00	
	垂直耳道切除术	侧/只	1 500.00	1 000.00	
耳鼻喉科手术	全耳道切除术	侧/只	2 000.00	1 400.00	
	鼻泪管冲洗术	次/只	150.00	150.00	
	鼻泪管再造术	次/只	1 500.00	1 500.00	
	腭裂修补术	次/只	1 000.00	1 000.00	
	唇裂修补术	次/只	500.00	500.00	

中国农业大学教学动物医院诊疗收费价目表（五）

分类	收费项目	计价单位（只）	犬收费标准（元）	猫收费标准（元）	备注
	唾液腺摘除术	侧/只	1 000（小） 1 500（中） 2 000（大）	1 000.00	
	舌下腺囊肿切开引流	侧/只	400.00	300.00	
牙科	超声波洁牙	次/只	400.00	300.00	
	拔牙术	颗/只	200（犬齿） 50（其他）	50.00	
	病理性拔牙	全部		1 000.00	
	根管治疗	颗/只	100.00	100.00	
	补牙	颗/只	100.00	100.00	
外科美容矫形术	面褶切除术	侧/次/只	600.00		不含麻醉，药费另计
	犬立耳术（笃宾）	次/只	1 000.00		
	犬立耳术（雪纳瑞）	次/只	800.00		
	犬剪耳术（高加索）	次/只	800.00		
	立耳术后校正	次/只	100.00		
	声带切除术	次/只	1 000.00	1 000.00	
	猫断爪术	肢/只		300.00	
	狼爪切除术	肢/只	300.00（单肢）		
	断尾（生理）	次/只	50.00（10日龄内）100.00（10日龄以上，1月龄以下）300.00（1月龄以上）		
	断尾（病理）	次/只	400.00（小） 500.00（中） 600.00（大）	300.00	
	趾间囊肿切除术	部位/只	300.00	300.00	
	肛门囊摘除术	侧/只	400.00	400.00	
	肘头黏液囊摘除术	侧/只	1 200.00		
疝系列手术	膈疝修补术	次/只	1 500.00	1 200.00	不含麻醉和开腹，药费另计
	脐疝修补术	次/只	350.00	300.00	不含麻醉，药费另计
	腹壁疝修补术	部位/次/只	700.00	500.00	
	腹股沟疝修补术	次/侧/只	500.00	400.00	
	会阴疝修补术	次/侧/只	1 200.00	700.00	

中国农业大学教学动物医院诊疗收费价目表（六）

分类	收费项目	计价单位（只）	犬收费标准（元）	猫收费标准（元）	备注
腹腔手术	开腹术（含探查）	次/只	400.00（小） 600.00（中） 800.00（大）	300.00	不含麻醉和开腹，药费另计
	胃切开术	次/只	450.00	450.00	
	胃扭转整复固定术	次/只	1 500.00	1 000.00	
	胃人工造瘘术	次/只	400.00	300.00	
	内窥镜取消化道异物	次/只	1 000.00	1 000.00	
	幽门矫形术	次/只	500.00	300.00	
	胃冲洗	次/只	500.00	300.00	
	胃内陷缝合术	处/只	600.00	300.00	
	胃部分切除术	次/只	1 000.00	600.00	
	肠管切开术	处/只	400.00	300.00	
	肠管切除吻合术	次/只	800.00	600.00	
	肠套叠整复	次/只	300.00	300.00	
	肠襟固定术	次/只	600.00	600.00	
	结肠固定术	次/只	600.00	600.00	
	巨结肠切除吻合术	次/只	1 000.00	800.00	
	直肠切除术	次/只	600.00	500.00	
	直肠脱整复缝合	次/只	500.00	300.00	
	锁肛修复术	次/只	800.00	800.00	
	脾脏摘除术	次/只	400.00（小） 500.00（中） 700.00（大）	400.00	
	肝脏部分切除术	次/只	2 000.00	1 500.00	
	胆囊/胆管切开术	次/只	800.00	800.00	
	胆囊十二指肠吻合术	次/只	2 000.00	1 500.00	
	胆囊摘除术	次/只	1 000.00	800.00	
	腹腔导管放置	次/只	300.00	300.00	
	肝外门体分流矫正术	次/只	1 500.00	1 200.00	

（续）

分类	收费项目	计价单位（只）	犬收费标准（元）	猫收费标准（元）	备注
腹腔手术	腹腔冲洗	次/只	200.00（小） 350.00（中） 600.00（大）	200.00	不含麻醉和开腹，药费另计
	慢性缩进环	耗材	1 200.00		
	开腹腹腔冲洗	次/只	500.00	500.00	
	经腹导管腹腔冲洗	次/只	50.00	50.00	
胸腔手术	开胸术	次/只	1 200.00（小） 1 800.00（中） 2 500.00（大）	1 000.00	不含麻醉，药费另计
	食道异物	次/只	500.00（经口腔） 700.00（经颈部食道） 1 000.00（经胸腔，不含开胸费） 1 200.00（经胃，不含开腹费）	500.00（经口腔） 700.00（经颈部食道） 1 000.00（经胸腔，不含开胸费） 800.00（经胃，不含开腹费）	
	肺切除术	叶/只	1 500.00	1 200.00	不含麻醉和开胸，药费另计
	永久性动脉弓	次/只	1 800.00	1 500.00	
	胸外气管切开术	次/只	400.00	300.00	
	气管切开术	次/只	400.00	400.00	
	胸导管放置	次/只	500.00	500.00	
	开胸胸腔冲洗	次/只	500.00	500.00	
	经胸导管胸腔冲洗	次/只	50.00	50.00	
	胸腔冲洗	次/只	300.00（小） 400.00（中） 600.00（大）	200.00	不含麻醉，药费另计
肿瘤手术	眼睑肿瘤切除术	次/只	400.00	400.00	
	眼睑整形术	次/只	500.00	500.00	
	鼻腔肿瘤切除术	次/只	2 000.00	2000.00	
	犬口腔乳头状瘤切除术	次/只	400.00		
	下颌骨部分切除术	次/只	1 200.00	800.00	

(续)

分类	收费项目	计价单位（只）	犬收费标准（元）	猫收费标准（元）	备注
肿瘤手术	单侧乳腺全切术	侧/只	1 200.00（小）1 700.00（中）2 500.00（大）	1 200.00	
	乳腺瘤切除术	次/只	300.00（直径<2厘米），500.00（2厘米<直径<4厘米），900.00（直径>4厘米），1 500.00（直径>10厘米）	300.00（直径<2厘米），500.00（2厘米<直径<4厘米），900.00（直径>4厘米），1 500.00（直径>10厘米）	
	阴道肿瘤切除术（经会阴切开）	次/只	800.00	800.00	
	带蒂阴道肿瘤（不经会阴部切开）	次/只	300.00	300.00	
	肛周肿瘤切除术	次/只	400.00（1个）600.00（2个及2个以上）		
	肛周环切术（含双侧肛囊切除）	次/只	1800.00	1500.00	
	体表肿瘤切除术	个/只	200.00（直径<2厘米），400.00（2厘米<直径<4厘米），800.00（直径>4厘米），1 300.00（直径>10厘米）	200.00（直径<2厘米），400.00（2厘米<直径<4厘米），800.00（直径>4厘米），1 300.00（直径>10厘米）	
内分泌手术	甲状腺切除术	侧/只	700.00	600.00	
	肾上腺切除术	侧/只	1 500.00	1 500.00	
	胰腺部分切除术	侧/只	2 500.00	2 200.00	

中国农业大学教学动物医院诊疗收费价目表（七）

分类	收费项目	计价单位（只）	犬收费标准（元）	猫收费标准（元）	备注
骨科手术	绷带外固定术	侧/只	150.00	200.00	不含麻醉、材料费和药费
	夹板外固定术	侧/只	300.00（小）500.00（中）800.00（大）	300.00	
	托马斯支架外固定术	侧/只	500.00（小）700.00（中）1 000.00（大）	500.00	
	正骨	部位/只	200.00	200.00	
	脱臼整复术	部位/只	600.00（闭合整复）2 500.00（开放整复）	500.00（闭合整复）2 000.00（开放整复）	
	股骨头切除术	侧/只	1 500.00（小）2 000.00（中）2 500.00（大）	1 200.00	
	股骨头置换术	侧/只	8 000.00	4 000.00	
	髌骨脱位侧韧带再造术	侧/只	800.00	600.00	
	前/后十字韧带修补术	侧/只	1 500.00（小）2 000.00（中）3 000.00（大）	1 500	
	滑车再造术	侧/只	2 000.00	1 500.00	
	滑车再造及胫骨结节移位术	侧/只	3 000.00	2 500.00	
	下颌骨骨折内固定术(污染手术)	处/只	500.00	500.00	
	下颌骨骨折内固定(清洁手术)	处/只	骨板2 000/钢丝1 000	骨板2 000/钢丝1 000	
	外固定支架固定术	处/只	2 000.00	2 000.00	
	外固定支架材料	耗材	800.00		

（续）

分类	收费项目	计价单位（只）	犬收费标准（元）	猫收费标准（元）	备注
骨科手术	四肢骨折内固定术	处/只	1 500.00（髓内针不分大小）骨板:2 000.00（小）骨板:2 500.00（中）骨板:3 000.00（大）	1 200.00（髓内针）1 600.00（骨板）	不含麻醉、材料费和药费
	骨盆骨折内固定术	处/只	2 000.00（小）3 000.00（中）4 000.00（大）	2 000.00	
	自体松质骨移植	处/只	500.00	500.00	
	陈旧性骨折内固定术	处/只	原有费用加50%	原有费用加50%	
	骨折内固定二次手术	处/只	原有费用加100%	原有费用加100%	
	骨针、骨螺钉取出术	个/只	100.00（本院）300.00（外院）	100.00（本院）300.00（外院）	
	骨板取出术	个/只	500.00（本院）1000.00（外院）	500.00（本院）1 000.00（外院）	
	截肢术	侧/只	500.00（小）700.00（中）1000.00（大）	500.00	
	关节融合术	次/只	1500.00	1 500.00	
	椎间盘脱出修复术	次/只	5 000.00（开窗术）8 000.00（椎板切除）	5 000.00（开窗术）5 000.00（椎板切除）	
	脊椎骨折/不稳定内固定	次/只	3 000(小)4 000(中)5 000(大)	3 000.00	
	椎间盘突出修复术	次/只	4 000(小)5 000(中)6 000(大)	4 000.00	

中国农业大学教学动物医院诊疗收费价目表（八）

分类	收费项目	计价单位（只）	犬收费标准（元）	猫收费标准（元）	备注
化验	采血费	次/只	30.00	30.00	
	血液常规检查（五分类1）	次/只	50.00	50.00	免采血费
	血液常规检查（五分类2）	次/只	120.00	120.00	免采血费
	红细胞形态学检查	次/只	30.00	30.00	单做时采血费另计
	白细胞形态学检查	次/只	30.00	30.00	单做时采血费另计
	焦虫血液涂片检查	次/只	90.00	90.00	免采血费
	锥虫血液涂片检查	次/只	90.00	90.00	免采血费
	血巴尔通体检查	次/只	90.00	90.00	免采血费
	自体凝集	次/只	30.00	30.00	免采血费
	配血试验（主侧）	次/只	160.00	160.00	免采血费
	血糖检测（单项）	次/只	45.00	45.00	免采血费
	全项	次/只	450.00	450.00	含采血费
	术前1	次/只	180.00	180.00	含采血费
	术前2	次/只	240.00	240.00	含采血费
	肝指标	次/只	240.00	240.00	含采血费
	肾指标	次/只	210.00	210.00	含采血费
	体检	次/只	280.00	280.00	含采血费
	钠、钾、氯3项离子联合检查	次/只	60.00	60.00	单做时采血费另计
	果糖胺检测	次/只	35.00	35.00	单做时采血费另计
	血氨检测	次/只	50.00	50.00	单做时采血费另计
	生化单项	次/只	35.00	35.00	不含采血费
	APTT	次/只	95.00	95.00	免采血费
	PT	次/只	95.00	95.00	免采血费
	静脉血气检查	次/只	180.00	180.00	免采血费
	皮肤常规检查	次/只	60.00	60.00	含显微镜检查
	耳分泌物检查	次/只	60.00	60.00	含显微镜检查
	血液IgE检测	次/只	130.00	—	免采血费

（续）

分类	收费项目	计价单位（只）	犬收费标准（元）	猫收费标准（元）	备注
化验	过敏原检查	次/只	1 300.00	—	免采血费
	犬细小病毒检测（CPV）	次/只	60.00	—	
	犬冠状病毒检测（CCV）	次/只	70.00	—	
	犬瘟热病毒检测(CDV)	次/只	60.00	—	
	猫瘟病毒检测（FPV）	次/只	—	90.00	
	粪便常规检查	次/只	30.00	—	含显微镜检查，不含潜血试纸检查
	粪便漂浮试验	次/只	80.00	80.00	
	粪便沉淀实验	次/只	80.00	80.00	
	粪便潜血试纸检查	次/只	10.00	10.00	
	粪便胰蛋白酶检查	次/只	10.00	10.00	
	尿液常规检查	次/只	60.00	60.00	含沉渣镜检
	UPC	次/只	100.00	100.00	
	尿比重检查	次/只	10.00	10.00	不含化学性质和沉渣镜检
	cPL	次/只	230.00	—	免采血费
	FeLV/FIV	次/只	195.00	195.00	含采血费
	IDEXX 4Dx	次/只	180.00	180.00	含采血费
	fPL	次/只	—	230.00	含采血费
	胸腔积液检查	次/只	80.00	80.00	（不含生化单项）
	腹腔积液检查	次/只	80.00	80.00	（不含生化单项）
	脑脊液检查	次/只	80.00	80.00	
	关节液检查	次/只	80.00	80.00	
	三联抗体	次/只	190.00	190.00	含采血费
	猫弓形虫IgG和衣原体抗体检查	次/只	—	190.00	免采血费
	弓形虫IgG检测	次/只	100.00	100.00	免采血费
	fT4	次/只	150.00	150.00	免采血费
	T4检测	次/只	150.00	150.00	免采血费
	ACTH（15kg以下）	次/只	380.00	380.00	含采血费
	ACTH（大于或等于15kg）	次/只	480.00	480.00	含采血费

（续）

分类	收费项目	计价单位（只）	犬收费标准（元）	猫收费标准（元）	备注
化验	低剂量地米抑制试验	次/只	450.00	450.00	含采血费
	高剂量地米抑制试验	次/只	450.00	450.00	含采血费
	孕酮	次/只	150.00	150.00	含采血费
	雌激素	次/只	150.00	150.00	含采血费
	睾酮	次/只	150.00	150.00	含采血费
	需氧培养	次/只	220.00	220.00	
	厌氧培养	次/只	290.00	290.00	
	药敏试验	次/只	140.00	140.00	
	真菌分离培养	次/只	150.00	150.00	
	布鲁氏菌病检验IgG	次/只	180.00	—	含采血费
	布鲁氏菌病分泌物培养	次/只	260.00	—	
	心肌钙蛋白	次/只	200.00		含采血费
	鼻腔分泌物检验	次/只	80.00	80.00	
	呕吐物镜检	次/只	80.00	80.00	
	布鲁氏菌病血液细菌培养	次/只	390.00	—	含采血费
	肿物细胞学检查	次/只	200.00	200.00	
	发情鉴定（阴道涂片）	次/只	120.00	120.00	
	病理切片诊断	部位/只	400.00	400.00	
	活组织检查（超声引导）	部位/只	350.00	350.00	不含麻醉，药费另计
	传染性腹膜炎病毒检测	次/只	320.00	320.00	

中国农业大学教学动物医院诊疗收费价目表（九）

分类	收费项目	计价单位（只）	犬收费标准（元）	猫收费标准（元）	备注
笼位费	小笼位	日/只	50	50	
	大笼位	日/只	100		
	单间	日/只	300		
吸氧费	普通吸氧	小时	40	40	每日吸氧时间超过6小时的按照240元/天收取，不足6小时的按照吸氧小时数收取
	氧箱吸氧	小时	50	50	每日吸氧时间超过8小时的按照400元/天收取，不足8小时的按照吸氧小时数收取
重症监护费		小时	80	80	
护理费	一级护理	日/只	300	300	
	二级护理	日/只	200	200	
	三级护理	日/只	100	100	
保定费		人次	30	30	指对住院动物进行放射检查时的保定，如果动物主人自己保定，则不收取保定费用
普通内、外科病例住院押金		只	5 000	5 000	每天实际花费从押金扣除，当押金剩余不足500元时，需要动物主人及时补费
重症病例住院押金		只	10 000	10 000	

备注：
1.住院动物不再收取挂号费（20元）和诊断费（50元）。
2.住院费不包含药费、手术费、治疗费、超市商品费、影像检查费用等其他收费，这些项目的收费按门诊收费标准执行。

中国农业大学教学动物医院诊疗收费价目表（十）

分类	收费项目		计价单位（只）	犬收费标准（元）	猫收费标准（元）	备注
放射检查项目	普通X线片检查		张/次	70.00（8厘米×10厘米）80.00（11厘米×14厘米）	70.00（8厘米×10厘米）80.00（11厘米×14厘米）	曝光两次费用另计
	曝光两次（普通X线片）		张/次	50.00	50.00	
	直接数字化摄影检查（DR）		张/次	125（8厘米×10厘米）135（11厘米×14厘米）140（14厘米×17厘米）	125（8厘米×10厘米）135（11厘米×14厘米）140（14厘米×17厘米）	不能两次曝光
	消化道	食道造影	次/只	300.00	300.00	含造影操作、X线片拍摄、造影剂及其他材料
		上消化道造影（胃、小肠）		500.00	500.00	
		下消化道造影（大肠）（阳性或阴性造影）		330.00	330.00	
	泌尿系统	逆行性尿路造影（阳性、阴性或双重造影）		330	330	
		排泄性尿路造影		580	580	
	胸导管	胸导管造影		1 330	1 330	含造影操作、X线片拍摄、超声引导、造影剂及其材料
	门脉系统	超声引导门静脉造影		1 300	1 300	

右侧备注（跨行）：1.造影套餐内不包括麻醉费用 2.造影所需拍片数不定，由主治兽医与影像兽医商榷决定

（续）

分类	收费项目		计价单位（只）	犬收费标准（元）	猫收费标准（元）	备注
放射检查项目	门脉系统	手术门静脉造影	次/只	1 500	1 500	含造影操作、X线片拍摄、开腹操作、造影剂及其他材料
	脊髓	脊髓造影		1 500	1 500	含造影操作、X线片拍摄、造影剂及其他材料
	窦道造影		次/只	50.00	30.00	不含造影剂和X线片费
超声检查项目	单腔器官（肝胆/脾/胰/肾/膀胱/前列腺/睾丸/膝关节）		次/只	120（小、中）160（大）	120	
	体表肿物（部位、数量）			120	120	
	体腔液（胸膜腔/腹膜腔积液）			120（小、中）160（大）	120	
	消化系统/胃肠道/泌尿系统			220（小、中）280（大）	220	
	生殖系统			170（小、中）240（大）	170	
	体腔肿块			290（小、中）360（大）	290	
	心脏			520	520	
	肾上腺/甲状腺/眼部			170（小、中）200（大）	170	
	超声引导穿刺取样	体表肿物/尿液/腹腔液		110（小、中）160（大）	110	

（续）

分类	收费项目		计价单位（只）	犬收费标准（元）	猫收费标准（元）	备注
超声检查项目	超声引导穿刺取样	腹内肿物/淋巴结/胸腔液	次/只	200（小、中）240（大）	200	
	超声引导介入治疗	体腔药物注射		200（小、中）240（大）	200	
		前列腺囊肿抽吸		200（小、中）240（大）	200	
		心包液抽吸		360）小、中）450（大）	360	

美联众合动物医院联盟机构诊疗收费价目表

项　　目	计价单位	犬	猫
门诊（8:30—17:00）	次/只	10	10
夜诊（17:00—21:00）	次/只	20	20
专家门诊	次/只	30	30
特需门诊	次/只	100	100
夜间急诊（21:00—8:30）	次/只	100	100
注：国家法定节假日挂号收费加倍			
初诊	次/只	50	50
复诊	次/只	25	25
咨询费	半小时	50	50
出诊费（以出入医院时间计）	次/只	500	500
专家初诊	次/只	100	100
专家复诊	次/只	50	50
专家会诊	次/只	1 000~2 000	1 000~2 000
皮下/肌内注射	次/只	5	5
静脉推注	次/只	20	20
静脉输液观察费	次/只	50	50
皮下输液	次/只	40	40
腹腔注射	次/只	40	40
气管注射	次/只	30	30
穴位注射	次/穴位	20	20
静脉采血费	次/只	5	5
耗材费（血常规）	次/只	10	10
耗材费（生化）	次/只	20	20
输血采血	次/只	60	60
输血	次/只	100	100
采血离心费	次/只	50	50
激光穴位照射	次/只	50	50
针灸（单穴位）	次/只	10	10
针灸（小部位）	次/只	50	50
针灸（多部位）	次/只	100	100

（续）

项　目	计价单位	犬	猫
针灸（系统）	次/只	200	200
物理疗法	次/只	50	50
上药	次/只	5	5
小外伤处理（小于30分钟，Ⅰ级难度）	次/部位	50	50
小外伤处理（小于30分钟，Ⅱ级难度）	次/部位	80	80
小外伤处理（小于30分钟，Ⅲ级难度）	次/部位	100	100
大外伤处理（大于30分钟，Ⅰ级难度）	次/部位	150	150
大外伤处理（大于30分钟，Ⅱ级难度）	次/部位	350	350
大外伤处理（大于30分钟，Ⅲ级难度）	次/部位	500	500
拆线费	次/只	10	10
换药（Ⅰ级处理）	次/只	20	20
换药（Ⅱ级处理）	次/只	30	30
换药（Ⅲ级处理）	次/只	50	50
局部剃毛（大）	次/部位	100	100
局部剃毛（中）	次/部位	50	50
局部剃毛（小）	次/部位	30	30
清洗耳道	次/只	30	30
洗耳机清洗耳道	次/只	150	150
中耳冲洗上药（使用耳道内窥镜）	次/只	300	300
剪悬指（单个）	次/趾	5	5
剪趾（指）甲	次/只	30	30
剪趾（指）甲（病理）	次/只	20	20
皮内缝合	次/部位	50～100	50
气管插管	次/只	30	30
气管灌洗采样	次/只	100	100
插胃管洗胃	次/只	300	300
插鼻饲管	次/只	100	100
鼻泪管冲洗术	次/侧	150	150
挤肛门腺	次/只	30	30
直肠给药	次/只	20	20
灌肠导便	次/只	200	200
催吐	次/只	60	60

（续）

项　　目	计价单位	犬	猫
穿刺	次/只	30	30
细针抽取	次/部位	100	100
抽腹水（大犬）	次/只	300	
抽腹水（小犬和猫）	次/只	200	100
抽胸水（大犬）	次/只	300	
抽胸水（小犬和猫）	次/只	200	200
设置引流管/条	次/部位	50	50
子宫冲洗术	次/只	100	100
导尿（母）	次/只	150	150
导尿（公）	次/只	100	100
埋静脉留置针	次/只	20	20
咽喉取异物	次/只	100	100
雾化治疗	次/20分钟/只	40	40
吸氧费（5小时以上）	次/只	180	180
吸氧费（半小时）	30分钟/只	20	20
急救费	次/只	150	150
输液加温器	次/只	10	10
输液泵使用（8小时以上）	次/只	50	50
输液泵使用（3～8小时）	次/只	30	30
输液泵使用（1～3小时）	次/只	15	15
心电监护	30分钟/只	50	50
皮肤药物浸泡（含药）	次/只	200	200
安乐术实施费	次/只	200～400	200
尸体处理费	次/只	200～400	200
笼位费（大）	次/只	80	80
笼位费（中）	次/只	60	60
笼位费（小）	次/只	40	40
四级护理	次/只	30	20
三级护理	次/只	60	60
二级护理	次/只	120	120
一级护理	次/只	200	200
重症护理	次/只	500	500

（续）

项　　目	计价单位	犬	猫
看护费（4～8小时）	次/只	75	75
看护费	30分钟/只	10	10
助产看护费	次/只	50	50
产后幼仔处置费	次/只	50	50
芯片置入	次/只	100	100
动物信息录入	次/只	100	100
眼部局麻	次/只	15	15
吸入麻醉	30分钟/只	200	200
镇静	次/只	50	50
去势术	次/只	300～500	200
绝育术	次/只	500～700	300
妊娠终止术	次/只	650～750	400
子宫病理性摘除术	次/只	600-800	450
阴道脱整复术	次/只	300	300
阴道增生切除术	次/部位	500～1 000	500～1 000
子宫脱整复术	次/只	300～500	300
剖腹产术	次/只	800～1 000	600
膀胱切开术	次/只	600～800	500
膀胱破裂修补术	次/只	1 000	1 000
膀胱部分切除术	次/只	1 000	1 000
尿道切开术	次/只	400～600	800
尿道造口术	次/只	500～800	1 000
肾切开术	次/侧	1 500～2 000	1 500
肾摘除术	次/侧	1 000	800
肾盂引流术	次/侧	1 500	1 500
输尿管切开术	次/侧	2 500	3 000
输尿管异位整复术	次/只	2 500	2 500
骨盆段尿道吻合术	次/只	3 000	3 000
输尿管吻合术	次/侧	2 500	3 000
隐睾摘除术（腹腔外）	次/只	300～500	300
隐睾摘除术（腹腔内）	次/只	600	800
阴茎体切除术	次/只	600	

（续）

项　　目	计价单位	犬	猫
阴道隔切除术	次/只	700	700
阴道瘘修复术	次/只	1 500	1 500
前列腺切除术（部分）	次/只	1 600	
前列腺切除术（全部）	次/只	3 000	
包茎矫形手术	次/只	300	
阴茎嵌顿修复术	次/只	300	150
眼球整复术	次/侧	500	500
眼球摘除术	次/侧	600	600
第三眼睑腺脱出包埋术	次/侧	400	400
第三眼睑腺脱出切除术	次/侧	150	150
第三眼睑遮盖术	次/侧	200	200
眼睑缝合术	次/侧	200	200
眼睑整形术	次/侧	500～1 000	500～1 000
球结膜覆盖术	次/侧	1 200	1 200
睑裂切开术	次/侧	300	300
腮腺管移植术	次/侧	3 000	3 000
拔倒睫毛	次/侧	50	50
白内障超声乳化手术	次/侧	3 500	3 500
白内障囊外切除术	次/侧	5 000	5 000
上下眼睑封闭	次/侧	100	100
自家血眼睑封闭	次/侧	150	150
球结膜注射	次/侧	180	180
眼睑内翻矫正术	次/侧	400	400
眼睑外翻矫正术	次/侧	600	600
义眼手术	次/侧	2 500	2 000
青光眼引流术	次/侧	3 500	3 500
睫状体冷冻术	次/侧	500	500
睫状体光凝术	次/侧	5 000	5 000
前房穿刺术	次/侧	150	150
角膜格状切开术	次/侧	150	150
睫状体药物破坏术	次/侧	1 000	1 000
结膜瓣遮盖术	次/侧	1 200	1 200

（续）

项　目	计价单位	犬	猫
角膜缝合术	次/侧	600	600
断尾术（10日龄内）	次/只	60	
断尾术（大犬生理）	次/只	250～300	
断尾术（病理性）	次/只	350～600	300
犬立耳术	次/只	800	
立耳术后矫正	次/只	100	
剪耳术	次/只	700	
声带切除术	次/只	1 000	1 000
面褶切除术	次/只	600	
猫断爪术（两前肢）	次/只		1 000
悬趾切除术	次/趾	150	
病理性断指（趾）	次/趾	200	200
趾间腺囊肿切除术	部位/只	400	400
耳血肿切开压迫术	次/侧	600	600
侧耳道切开术	次/侧	1 000	
垂直耳道切除术	次/侧	1 500	
全耳道切除术	次/侧	2 500	
锁肛修复术	次/只	500	500
肛门腺摘除术	次/只	700	700
唾液腺摘除术	次/只	1 000	700
黏液囊摘除术	次/只	1 000	800
坐骨结节囊肿摘除术	次/只	2 000	2 000
鼻泪管再造术	次/只	1 500	1 500
大血管断裂显微吻合术	次/只	2 000	2 000
肌肉瓣移植	次/只	500～1 000	500～1 000
皮瓣移植	次/只	500～1 000	500～1 000
根管治疗（单根牙）	次/只	400～600	400
根管治疗（双根牙）	次/只	600～800	600
根管治疗（三根牙）	次/只	800～1 000	800
牙齿创伤调合术	次/只	100	100
剪切齿（啮齿类动物）	颗/次	20	
乳犬齿拔除术	颗/次	200	100

（续）

项　目	计价单位	犬	猫
松动牙拔除	颗/次	20	20
拔牙术（切齿）	颗/次	20	20
拔牙术（前白齿）	颗/次	100	100
拔牙术（犬齿）	颗/次	300	200
拔牙术（白齿）	颗/次	200	200
拔牙术（半口）			500
拔牙术（全口）			1 000
流浪猫全口拔牙（含当天所用药物及其他所有费用）			1 500
松动牙固定术	颗/次	100	100
烤瓷冠（氧化锆）	颗/次	4 000	4 000
烤瓷冠（普通）	颗/次	2 000	1 500
纤维桩	颗/次	1 000	1 000
牙齿种植	颗/次	30 000	30 000
齿龈脓肿切开引流	次/只	150	150
口腔瘘管冲洗引流	次/只	100	100
口鼻瘘修补术	次/只	600	600
腭裂修补术	次/只	800	800
唇裂修补术	次/只	400	400
银汞充填	次/只	200	200
树脂充填	次/只	400~600	400~600
手工器械洁牙	次/只	100	100
超声波洁牙/抛光	次/只	300	200
会阴疝修补术	次/只	1 000	1 000
会阴疝腹腔内固定术	次/只	500	500
腹股沟疝修补术	次/只	700	600
脐疝修补术	次/只	300	300
阴囊疝修补术	次/只	800	600
膈疝修补术	次/只	2 500	2 000
胸壁疝	次/只	800~1000	800
腹壁疝修补术	次/只	600~1000	500~800
颈部食道造瘘术	次/只	300	300

（续）

项　目	计价单位	犬	猫
食道梗阻（胸腔外）	次/只	600	600
食道梗阻（胸腔内）	次/只	1 600～1 800	1 500
气管切开术	次/只	400	400
开胸探查术	次/只	1 000～2 000	800
胸腔导管留置	次/只	200	200
心包切除术	次/只	1 500	1 500～2 500
胸壁透创修补术	次/只	1 000～2 000	1 000～2 000
肺叶切除术	次/只	1 500～2 000	1 500
永久性右动脉弓结扎术	次/只	1 800	1 500
乳糜胸导管结扎术	次/只		6 000
腹膜透析管植入术	次/只	800	800
开腹探查术	次/只	300～500	300
腹腔导管留置	次/只	100	100
腹壁透创修补术	次/只	500～800	500
内窥镜取胃异物术	次/只	1 000	1 000
胃切开缝合术	次/只	650	650
胃饲管造瘘术	次/只	500	500
胃部分切除术	次/只	1 000～1 500	800
胃扭转整复固定术	次/只	1 300-1 500	1 000
幽门矫形术	次/只	800～1 000	800
肝叶切除术	次/只	1 600～2 000	1 500
脾脏切除术	次/只	700～900	600
胆管十二指肠/空肠吻合术	次/只	1 500	1 500
胆囊切除术	次/只	1 000	800
肠管切开缝合术	次/只	600	600
肠管切除吻合术	次/只	800	800
肠套叠整复术	次/只	500	500
巨结肠切除术	次/只	1 000	800
直肠固定术（腹腔）	次/只	600	600
直肠切除术	次/只	700	700
直肠脱出整复术	次/只	200	150
体表肿瘤切除术	次/只	200～1 000	250～500

(续)

项 目	计价单位	犬	猫
乳腺瘤切除术	次/只	300～800	400～600
单侧乳腺全切除术	次/只	1 000～2 000	1 000
肛周腺瘤切除术	次/只	600～800	500
睾丸肿瘤切除术	次/只	300～500	300
阴茎乳头状肿瘤切除术	次/只	700	700
阴道肿瘤切除术	次/只	1 500	1 500
卵巢肿瘤切除术	次/只	500	500
甲状腺肿瘤切除术	次/只	1 000	1 000
肾上腺肿瘤切除术	次/只	1 200	1 000
胃肿瘤切除术	次/只	1 000～1 500	1 000
脾脏肿瘤切除术	次/只	800～1000	800～1000
胰腺肿瘤切除术	次/只	1 800	1 600
肝脏肿瘤切除术	次/只	2 000	2 000
肾脏肿瘤切除术	次/只	1 000	1 000
肠道肿瘤切除术	次/只	1 500	1 500
眼睑肿瘤切除术	次/只	300～800	300～800
眼部肿瘤切除术	次/只	800～2 000	800～2 000
鼻腔肿瘤切除术	次/只	2 000	2 000
口腔肿瘤切除术	次/只	300	300
口腔肿瘤上、下颌骨前部分切除	次/只	2 000	2 000
口腔肿瘤上、下颌骨后部分切除	次/只	3 000	3 000
口腔肿瘤上、下颌骨全部切除	次/只	4 000	4 000
正骨	次/只	100～200	100
股骨头及颈切除术	次/只	1 500～2 500	1 200
股骨颈骨折固定术	次/只	1 500～2 500	1 500
圆韧带再造术	次/只	2 500	2 500
股骨头置换术	次/只	8 000～10 000	8 000
全髋置换术	次/只	50 000	50 000
截肢术	次/只	800～1 000	600～800
髌骨脱位整复术	次/只	800	800
膝骨脱位侧韧带再造术	次/只	800	600
肘关节侧韧带再造术	次/只	1 200	1 200

（续）

项　目	计价单位	犬	猫
前十字韧带修补术	次/只	2 500	2 000
跟腱断裂修补术	次/只	1 000	1 000
副韧带修补术	次/只	1 500	1 500
侧韧带固定术	次/只	500	500
滑车再造术	次/只	2 000	1 500
滑车再造及胫骨结节移位术	侧/只	3 000	2 000
胫骨结节撕脱复位术	侧/只	1 000	1 000
下颌骨骨折内固定术	侧/只	500	500
内固定取针术	侧/只	200	200
内固定取板术	侧/只	1 000	1 000
脊髓开窗术	次/只	1 000~2 000	1 000~2 000
半椎板切除术	次/只	5 000	5 000
脊髓减压术(半椎板切除术+开窗术)	次/只	6 000~7 000	6 000~7 000
椎体牵拉融合术	次/只	5 000	5 000
寰枢椎半脱位内固定术	次/只	5 000	5 000
椎骨骨折固定术	次/只	3 000	3 000
阴茎骨骨折内固定术	次/只	1 500	
关节融合术	次/只	1 500	1 500
四肢骨折内固定术	次/只	1 500~3 000	1 200~2 600
骨移植	次/只	1 500	1 500
骨折外固定术	次/只	300~500	300
骨盆骨折内固定术	次/只	2 000	2 000
荐髂脱位内固定术	次/只	1 000	1 000
脱臼开放整复术	次/只	2 500	1 800
脱臼闭合整复术	次/只	500	500
钡餐造影	次/只	60	60
胃肠道排空造影	次/只	300	300
腹腔阳性造影	次/只	100	100
直肠造影	次/只	100	100
膀胱造影（阴性/阳性）	次/只	100	100
肾盂输尿管造影	次/只	200	200
脊髓造影	次/只	300	300

（续）

项　　目	计价单位	犬	猫
胸导管造影	次/只	500	500
肝门静脉造影	次/只	300	300
透视检查	次/只	100	100
X线片拍摄	次/只	60～90	60～90
CR/DR片拍摄	次/只	100	100
CR/DR片拍摄/B超刻盘	次/只	10	10
二次曝光	次/只	40	40
心电图	次/只	150	150
心脏多普勒彩超检查	次/只	500	500
B超腹部检查（多系统）	次/只	350	350
彩超腹部检查（普通）	次/只	200	250
B超（妊娠检查）	次/只	100	100
B超腹部检查（单器官）	次/只	80	80
B超腹部检查（普通）	次/只	150	150
B超引导细针抽取检查	次/只	100	100
B超引导活检	次/只	400	400
B超引导膀胱穿刺	次/只	20	20
B超引导药物注射	次/只	300	300
内窥镜检查	次/只	500	500
裂隙灯检查	次/只	30	30
眼底检查	次/只	100	100
视网膜电位图检查	次/只	300	300
孟加拉红染色	次/只	80	80
测血压	次/只	50	50
测眼压	次/只	50	50
泪液量检测	次/只	30	30
荧光试纸检测	次/只	30	30
国外病理切片检查	次/只	700	700
病理切片检查	次/只	300	300
细胞学检查（单部位）	次/只	150	150
直肠检查	次/只	20	20
皮肤检查（显微镜）	次/只	60	60

（续）

项　　目	计价单位	犬	猫
耳道分泌物检查	次/只	40	40
犬敏测	次/只	130	
变态反应皮内测试	次/只	20	20
真菌培养	次/只	150	150
菌种和耐药性鉴定	次/只	200	200
犬发情期阴道细胞检查	次/只	60	
犬发情期排卵检测	次/只	200	200
血常规检测	次/只	45	45
血糖仪检测	次/只	20	20
血型鉴定	次/只	300	300
配血试验	次/只	200	200
凝血检测（干式）	次/只	200	200
透析液检查	次/只	60	60
胸腹水检查	次/只	60	60
尿常规检测	次/只	40	40
尿液比重（比重仪）	次/只	20	20
尿液沉渣检查	次/只	40	40
犬瘟热/犬细小病毒检测	次/只	60	
冠状病毒检测	次/只	75	
猫瘟/猫猫传染性腹膜炎病毒检测	次/只		80
猫白血病/艾滋病病毒检测	次/只		120
布鲁氏菌检测	次/只	100	100
三联抗体检测试剂盒	次/只	260	
犬瘟热/犬细小病毒抗体检测	次/只	80	
弓形虫IgM检测	次/只	100	100
弓形虫IgG检测	次/只	100	100
心丝虫检查	次/只	100	100
胰腺炎诊断	次/只	200	220
便常规检测	次/只	40	40
粪便胰蛋白酶化验	次/只	40	40
粪便染色	次/只	40	40
十七项生化检查（干式）	次/只	370	370

（续）

项　目	计价单位	犬	猫
十三项生化检查（干式）	次/只	350	350
全项生化检查（湿式）	次/只	320	320
术前6项生化检查（干式）	次/只	180	180
肝功全项检查（干式）	次/只	200	200
肾功全项检查（干式）	次/只	150	150
电解质检测（湿式）	次/只	50	50
急诊电解质（干式）	次/只	100	100
急诊6项血气分析	次/只	120	120
急诊8项血气分析	次/只	150	150
急重症8项	次/只	240	240
李凡他试验	次/只	20	20
单项生化检查（干式）	次/只	40	40
尿蛋白肌酐比	次/只	100	100
T4检测	次/只	300	300
可的松检测	次/只	300	300
胆汁酸检测	次/只	240	240

注：国家法定假日期间收费可整体上浮20%。

图书在版编目（CIP）数据

犬病诊疗原色图谱 / 周庆国，夏兆飞主编. —2版
. — 北京：中国农业出版社，2022.11
　（兽医临床诊疗宝典）
　ISBN 978-7-109-19312-3

Ⅰ.①犬…　Ⅱ.①周…②夏…　Ⅲ.①犬病－诊疗－
图谱　Ⅳ.①S858.292-64

中国版本图书馆CIP数据核字（2014）第133359号

犬病诊疗原色图谱
QUANBING ZHENLIAO YUANSE TUPU

中国农业出版社出版
地址：北京市朝阳区麦子店街18号楼
邮编：100125
责任编辑：王森鹤　颜景辰
版式设计：王　晨　责任校对：吴丽婷
印刷：中农印务有限公司
版次：2022年11月第2版
印次：2022年11月第2版北京第1次印刷
发行：新华书店北京发行所
开本：889mm×1194mm　1/32
印张：8
字数：233千字
定价：88.00元